SEE-THROUGH MEMORY

Feeling the Heat of Everyday Glassware

透明的記憶

感受日常玻璃的溫度

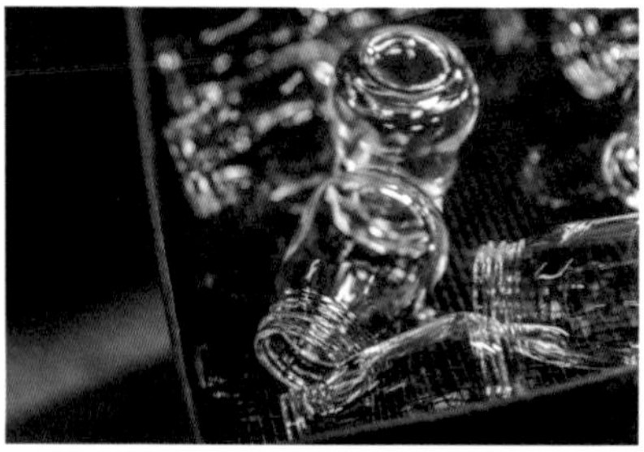

行人文化實驗室 企畫　翁子恒 攝影

透明的記憶：感受日常玻璃的溫度／
行人文化實驗室企畫作.-- 初版. --
臺北市：行人文化實驗室，2016.08
128面；17x23公分
ISBN 978-986-92539-9-4(平裝)

1.玻璃工業 2.歷史 3.臺灣

464.80933
105013307

透明的記憶
感受日常玻璃的溫度

總編輯：周易正
企畫：行人文化實驗室
攝影：翁子恒
採訪撰文：周易正、許雅琇、錢麗安
裝幀設計：林秦華
執行編輯：華郁芳
編輯助理：李霜茹
行銷業務：許雅琇
指導單位：文化部

印刷：崎威彩藝
定價：320元
ISBN：9789869253994
2016年08月 初版一刷

發行人：廖美立
地址：10049台北市北平東路20號5樓
電話：02-23958665
傳真：02-23958579
郵政劃撥：50137426
fttp://flaneur.tw
臉書粉絲頁搜尋「Editions du Flaneur 行人出版社」

總經銷：大和書報圖書股份有限公司
電話：02-89902588

Glass-making used to be one of the most important industries in Taiwan. Thanks to it, the economy was booming by exporting the glassware worldwide. The made-in-Taiwan lightbulbs shined on every household Christmas tress. However, those are of glories long past. If you ask whether you can find a manufacturer of glass nowadays, the answer is always negative. One reason for such a decline may be the increasing use of plastic products, and another is the much cheaper labor is on the rise in China. It seems more difficult to find any local glass manufacturer and traditional furnace in the past decade on this land.

To cast the last glance at the shine of the glass, we focus on the fading furnace-glass industry. Through these great pictures and in-deep interviews, the portraits of traditional craftsmen are vividly recorded on the paper. Every detail of the glass-making process is also shown by step-by-step images/pictures. To find a new future, we also present some best young glassware designers in Taiwan, in the hope that the traditional glass making crafts will get its heat and glory again.

從物理的角度，
玻璃是因為沒有吸收任何能量，
因而透明。

從我們的角度，
是因為老師傅賦予了夠多的汗水，
玻璃所以透明。

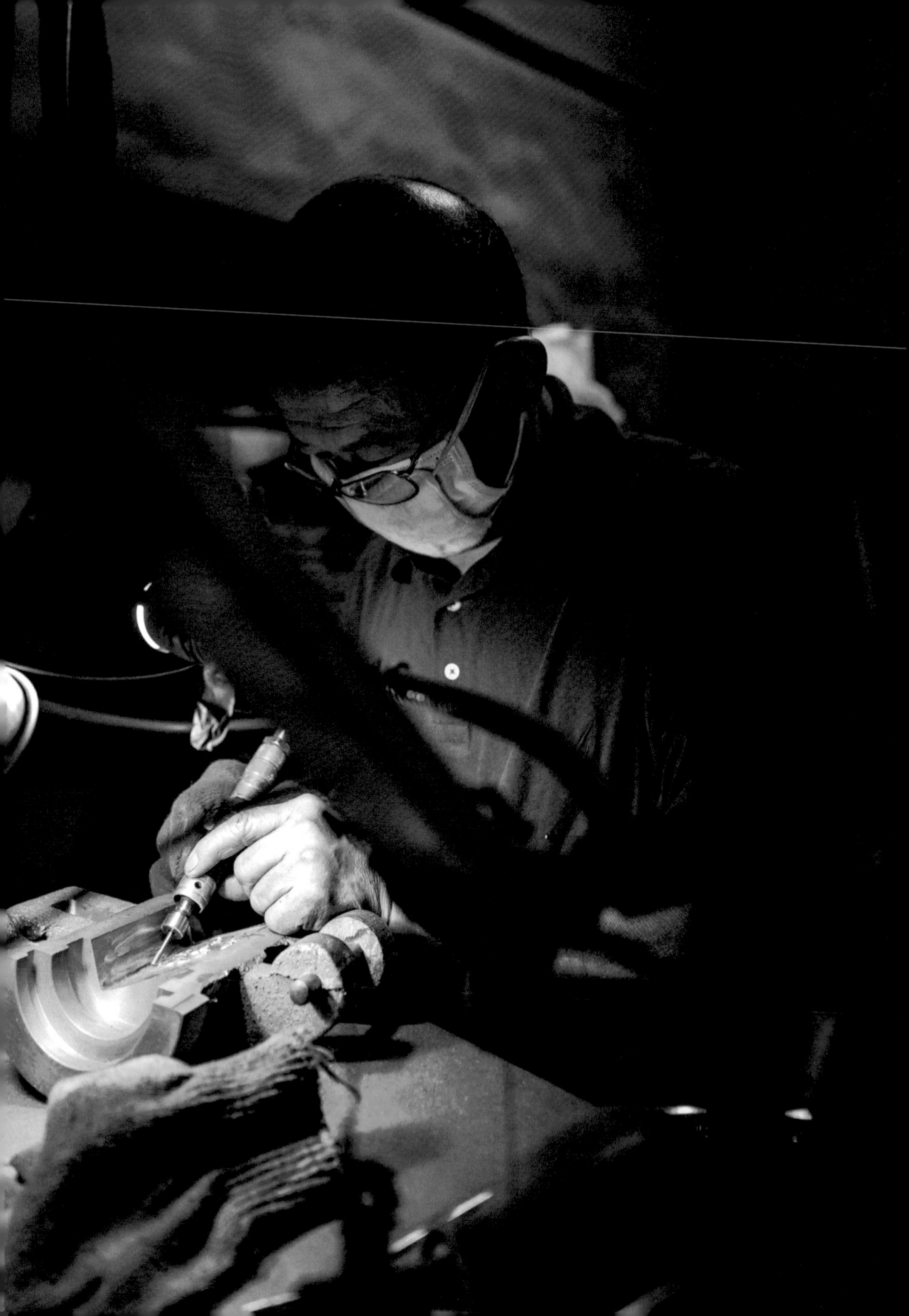

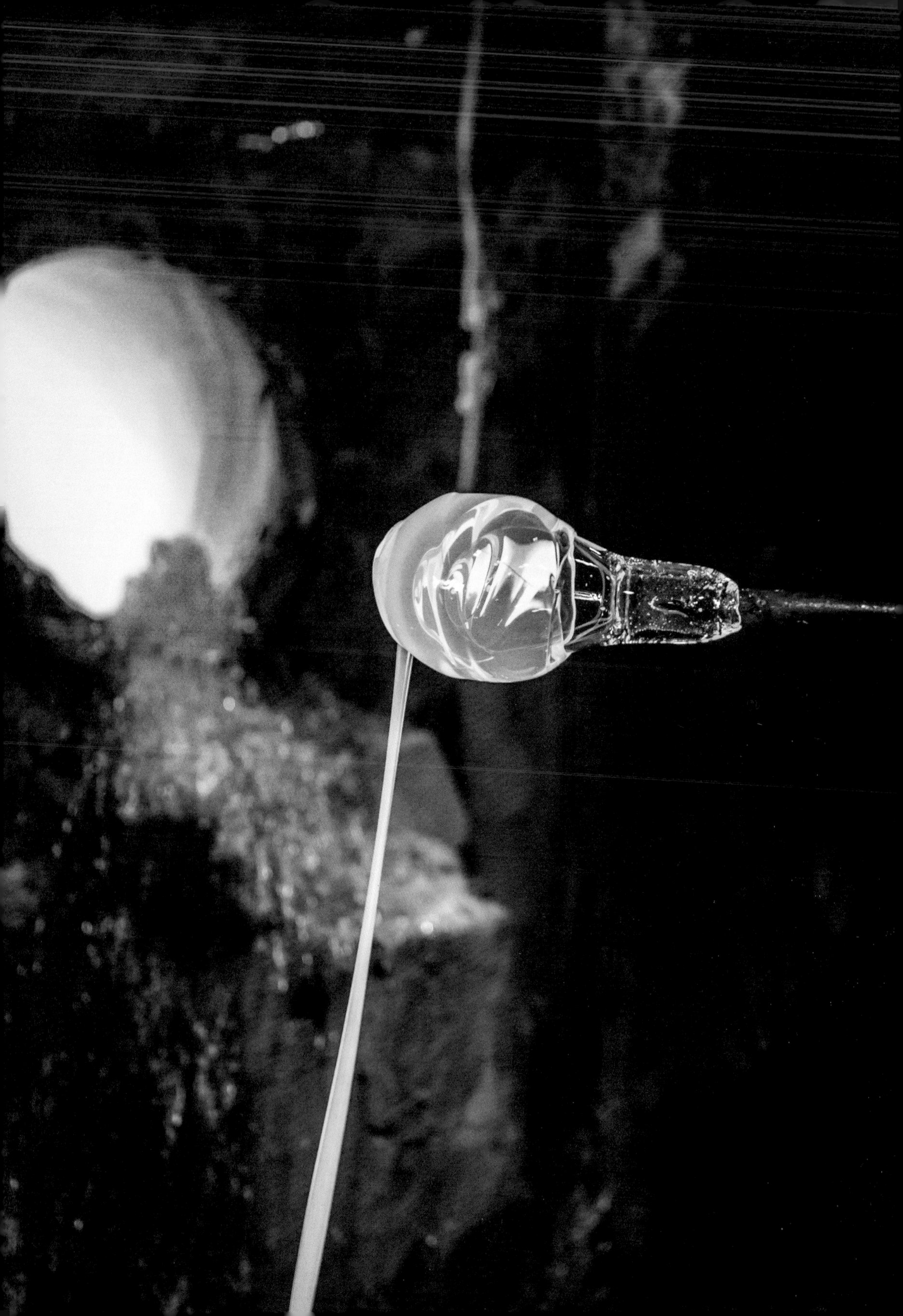

目次

SEE-THROUGH MEMORY

Feeling the Heat of Everyday Glassware

編輯室報告

透明的起源

當玻璃杯不小心從桌面掉落的時候，我們大概會輕呼一聲，隨即安慰自己：「沒關係，再買一個。」這樣的安慰有其道理，因為一般的玻璃杯很便宜，不到二十元就可以買到一個中國大陸製的簡單水杯。

不過，如果我們稍微試著心痛一點，稍微不要從價格的角度來思考、試著從滿地玻璃碎片可能割到腳的擔憂中跳開，想像一下：如果這是玻璃的最後生命，它眼前閃過的一生，應該會是怎樣的畫面？

他會不會想起玻璃一族誕生的時刻：閃電意外落在利比亞沙漠上，雷擊的高溫造成石英沙熔解，玻璃因而首次出現？或者，他想起自己成為光學革命者、成為各種鏡片，讓人類看到極小的細菌，也讓人類看到遙遠的火星表面？或者，他想起讓光線從燈泡洩出，全世界人為之興奮的一刻？

也可能時間近一些，它記起自己是個樸拙的印花玻璃杯，靜靜地在平常人家客廳桌上看著一般的家庭場景？或者它想起自己曾是海鮮熱炒店裝著臺灣啤酒但肚子上標著「香吉士」的杯子？或者，它曾是你我家中的窗花玻璃，構成我們成長離家所有場景的基本光線？

如果用高速攝影拍攝玻璃杯落地碎裂的瞬間，我們會不會在他快速流轉的記憶碎片中，感受到玻璃在我們生命中的透明重量？從反射的光影得知玻璃的故事？這時候我們會不會比較理解這成本不到二十元的玻璃杯？

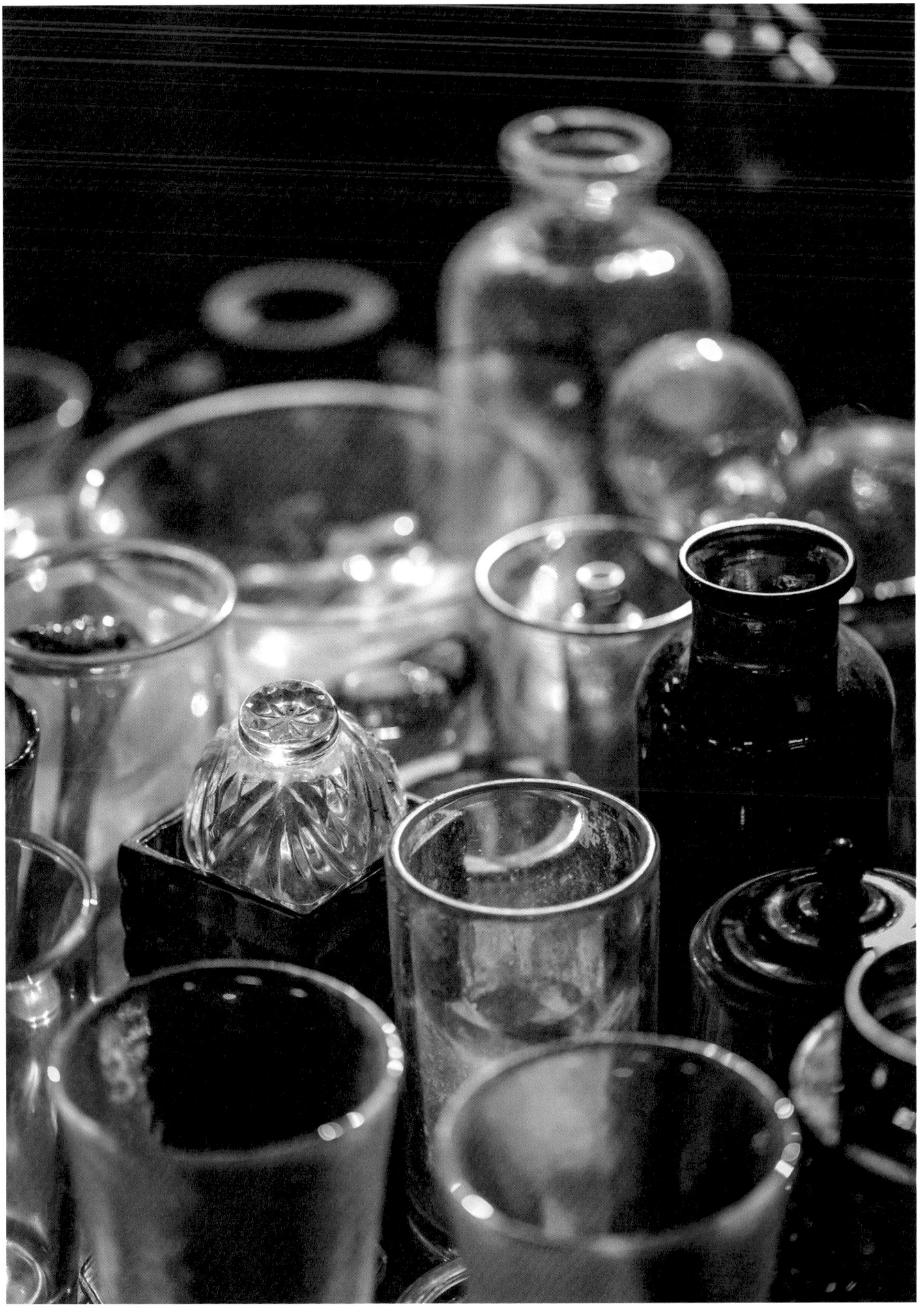

不同的玻璃故事

隨手撿起碎片，這一片，慎重地說起玻璃的「大歷史」，像是《十種物質改變世界》、《我們如何走到今天》這兩本書裡面說的故事：玻璃毫無疑問是現代文明最重要的基礎。如果沒有玻璃，今日生活根本無法想像：從建材、從燈具、從鏡頭、從面板、從光纖通訊、從平板觸控介面，玻璃幾乎能夠延伸到任何一個生活用品與高科技議題。

另外一片，說起了六、七〇年代的臺灣記憶。那個時候臺灣玻璃產業極盛，全世界的耶誕節都是由臺灣的燈泡照亮。那地方很有可能在新竹或竹南，上百的工廠、到處可見的煙囪，滿身汗水的師傅們在火焰下產出全世界絕大部分的家用玻璃，燈罩、水杯、平板玻璃，替臺灣爭取豐沛的外匯存底、替世界帶來完美的透明與晶瑩。如果玻璃會做夢，他們可能都會夢見在臺灣的出生地；如果他們會唱歌，他們哼的，可能都是臺語的搖籃曲。

再來一片，是大家耳熟能詳的情節。場景變到中國大陸。玻璃陸續與臺灣道別，隨著便宜勞動力西進大陸。畫面中看不到的是，臺灣中小企業的玻璃廠從此急遽衰落，隨著一代人的老去而即將銷聲匿跡。

這本書

我們粗略地將臺灣的玻璃生產分為三塊：有利用自動化設備保有一定優勢的大型工廠，轟隆隆地產出便利商店裡的各種玻璃瓶；也有在政府扶持下，轉型成藝術創作的工作室，專心將玻璃做成美麗高價的藝術品（所謂的Studio Glass）；我們在本書特別聚焦的是：依舊以傳統窯爐以及一群老師傅的雙手作為主要生產工具的小型工廠，繼續用口吹或半機器的模式，製作出精緻的燈具或杯具。面對大量機器生產的競爭，面對玻璃不值錢的態度，這樣的工廠還有什麼存在價值？這樣的手工有任何懂得欣賞之處嗎？

在書的第一部，我們用大量圖像記錄了這些玻璃公司老闆跟職人的回憶，一方面希望從這位臺灣頭家的故事，看到玻璃這個臺灣主要外銷產品的興衰；另一方面，希望從職人們的生命故事，瞥見臺灣師傅的養成歷史。

在書的第二部，我們介紹幾家充滿活力的設計公司，委託傳統玻璃工廠製作出新產品。我們希望藉由介紹這幾家公司，從中找尋臺灣玻璃產業的新方向。

書的其他部分，我們提供了玻璃的相關文獻（附錄一）、臺灣現存可以學習體驗或生產製造的玻璃廠（附錄二跟三）。前者是希望擴大玻璃的思考方向，所以選擇了幾篇不同方向的玻璃看法；後者我們則是希望臺灣的設計師能多多利用臺灣的傳統玻璃工廠，有這些工廠的彈性能力，才有機會做數量只有幾百的實驗創新商品。一旦臺灣只剩下每次都要生產數十萬批量的玻璃工廠，不就表示臺灣失去玻璃創新的重要機會？

過去有沒有未來

在製作這本書的時候，心中並沒有任何答案。我們觸摸著手中的玻璃，思考「價格」二十元玻璃的「價值」。我們帶著疑問，拼命沿著所有的線索亂走，闖進一家家玻璃工廠，最後繪出的不是一張聚焦清晰的圖像、也不是一份條列分明的PPT；而是一張巨幅照片，裡頭有各種故事與畫面，分別站在不同層次的景深位置，需要讀者拼湊出自己的答案。

但我們隱隱覺得，臺灣擁有許多技術精良的師傅，面對許多極盛產業的衰落，應當有機會與現在興起的許多年輕設計師結合，善用其生產彈性，推出更多樣的玻璃製品。

我們來到新竹、竹南，記錄各種玻璃師傅的故事與技藝，不斷按著快門、不斷錄下各種訪談，也不斷替傳統玻璃找出價值，向每位玻璃師傅表達我們的讚嘆。我們不確定這些工作的意義，或許有機會為一些臺灣的過去找到一些未來，或許，只會是一場玻璃的夢境，夢見臺灣這個誕生地。

A journey through 100 years of traditional Taiwan's glass blowing

第一部

記憶，走過臺灣窯口玻璃百年

「窯」是傳統玻璃製程中最重要的特徵，在一千五百度以上的窯爐裡，放入陶製耐高溫的坩堝，就是一個可以作業的窯爐。一個八卦窯，會有許多個窯口，玻璃師傅用工具從坩堝裡挖出玻璃膏，接著利用各種技法，將它製成玻璃用品，我們統稱經過這樣製程的產品為「窯口玻璃」。

以八卦窯爐作為主要生產工具的玻璃工廠，每日最大的成本就是保持二十四小時燃燒。在臺灣玻璃產業鼎盛時期，每個窯口都有人在生產玻璃。到如今，大部分的玻璃廠都已經關閉，甚至有些窯爐要等訂單收夠了再開爐生產，能持續燃燒的玻璃廠已經寥寥可數。

玻璃產業在臺灣沒落，部分是因為替代品塑膠的崛起，部分是因為更便宜的勞動力在中國大陸出現。玻璃留在臺灣剩下兩種極端，一是以數十萬件起跳的全自動化大量生產，一是藝術化的個人工作室。

接下來的每一個畫面，則是介於兩者之間：沒有顯赫名聲的老師傅，也無法日日萬件的生產；可他們整日守著高溫窯爐，用雙手悉心照料每個物件。他們的玻璃，折射出生活在臺灣你我的日常。

SEE-THROUGH MEMORY

Feeling the Heat of Everyday Glassware

Chapter one

過去的痕跡

The traces of the past

在新竹及苗栗這一帶，曾因豐富的矽砂與天然氣，讓臺灣的玻璃產業蓬勃發展，當時可是許多人嚮往的行業。許多像利詮玻璃老闆邱文虎一樣的人，國小一畢業便進入產業，從學徒做到老闆，與臺灣一同經歷了那個錢淹腳目的時代，再走過大陸開闢設廠，然後又返回這塊土地。在他的身上，我們可以讀到一代人的臺灣經歷；他們製作出來的玻璃，都是臺灣過去的生活光景。

火燒出來的工廠

邱文虎

被外國客戶喚作Tiger，
經常脫下西裝在窯爐前面親自動手。
不同於一般單純出資的老闆，
從玻璃師傅出發，走遍世界、經歷波折，
最後回到臺灣，繼續與老師傅們打拚。

如果角度對了，走在竹南工業區內，遠遠就能看到兩支煙囪，上頭「利銓」二字依稀可見，走進廠房，邱文虎會特意介紹懸掛在行政大樓前的日式招牌，那是利銓與日本貿易的興盛記憶。這裡是利銓的第二代廠房，見證了邱文虎從第一代廠房一天生產一百多個燈罩，歷經火劫後一路飛快增加到一千多個產能，一如那個時代的臺灣玻璃發展盛況。

說話詼諧有趣，口若懸河的邱文虎，聊起半生的玻璃情緣，有如一部活生生的臺灣玻璃發展史。家無恆產的赤貧之子，國小畢業後認份的進入玻璃工廠學藝，熬過三年四個月的學徒生涯，通過傳統師徒制的測試，成為日薪一百五十元的年輕小師傅。十八歲破紀錄當上最年輕的廠長，卻管不動資歷比他深的工人，工作時間不減反增，過著每天工作超過十六小時的日子。

「結果我變成這一行中學的最全面

利銓玻璃股份有限

利
GLASS
銓
VERY LUCK GLASS CO.,LTD.

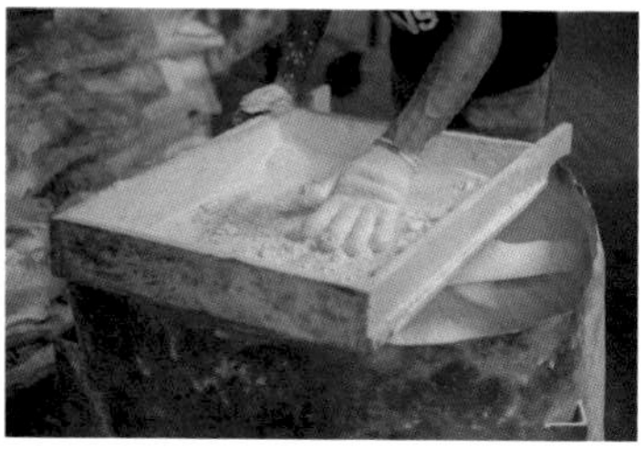

的。」邱文虎掩不住得意的說，他不僅會全套的玻璃製程，對內會蓋鍋爐、退火爐、各種配料，對外懂得談生意、做業務。後來，他將新婚妻子的嫁妝拿去變現，加上標會湊足七萬元，與六位師兄弟合資開工廠，那年他才二十三歲。

「臺灣的玻璃工業，主要有兩個系統，一是日本人轉移過來的技術，以儀器類為主，技術難度比較高；另一個是國民政府從上海帶來的，以瓶罐製作為主。我學的是日本這一派，也是早年玻璃產業比較賺錢的。」

邱文虎回憶說，當時正逢十大建設陸續啟動，工業替代農業、客廳即工廠的口號喊得震天響，臺灣的玻璃產業也直線上升，「單是竹南地區就有多達兩百多家玻璃廠。」而他也在全家人以廠為家，以生力麵果腹的日子中慢慢站穩腳步。

「剛開始都是身上帶著十塊錢，騎摩托車出差。」他還清楚地記得，當時大碗的陽春麵三元，加上台北來回油錢，「如果遇上車子壞掉修理就不夠錢。」因此，當時父親送他的一隻錶，常被作為抵押品，「後來我還去最常抵押的加油站，想謝謝他們，可惜已經拆除。」

就在這時，一場突如其來的大火卻讓他歸零重來。當時人在外地收帳的他，接到股東通知，等回到工廠看到一片火海，「整個人都呆了，股東在哭，倉庫裡價值兩百多萬的成品全都付之一炬。」三十幾年後提起，仍歷歷在目。

幸而生產設備神奇的毫髮無損，工人情義相挺下，在空地搭起棚架權充倉庫，災後第三天便復工。「火災前，我們一天大概可以生產一百多個燈罩，但重新開工後到第三天就衝到

一天三百多個，最高峰曾經衝到一天生產一千多個。」他笑說，後來發現銀行催跑三點半的電話不再響起，反倒是存摺金額不斷增加，讓他有著做夢般的不真實感。

「我最感謝一位父執輩的派出所警察所長。」當年這位所長不僅協助他處理災後事宜，還因緣際會幫他訂了一塊地，因此在工廠開始賺錢後，邱文虎便斷然決定新建廠房，員工也由原來的六七十人擴增到兩三百人，兩個廠一個月可以生產六千多個燈罩。「真是冥冥中有神明保佑，憑著一股傻勁，卻不斷遇到貴人。」

走過五十幾個國家

早年玻璃大多是外銷，出口必須透過貿易商，邱文虎在站穩腳步後一改傳統作法，直接在中經社的外銷刊物《臺灣燈飾雜誌》（Lighting）上刊登廣告，找來國貿系畢業生做直接貿易。此外，他也開始實地到各國考察，觀摩各國的玻璃產業。

但當時臺灣被視為仿冒王國，要參觀相關展業並不容易，「去威尼斯著名的玻璃島Murano參觀，就是透過一位客戶引介，假裝成日本人。」他略帶尷尬的說。他看著島上乾淨、悠閒的工作環境，五彩繽紛的玻璃樣式，內心也五味雜陳，「美國人老說只有歐洲的玻璃才漂亮，臺灣都是模仿的。」「我要臺灣至少有一家可以做出好的玻璃。」因此，他在徵得對方同意下，以相機、手繪草稿記錄下製具、製作手勢與成品。

「人的技術、操作都有極限，有些玻璃之所以可以做得這麼漂亮，是因為有設備輔助。」回臺後，他開始與日本、德國、義大利合作。「跟

我要臺灣至少有一家可以做出好的玻璃。

日本合作十一年完全賺不到錢，因為他們會不斷要求設備升級，但又不教Know-How，不過可學到經營管理模式。」邱文虎說，後來改向德國、義大利購買設備，雖然比日本貴，但可拿到全套的Know-How，「因為他們怕使用不當，反而毀了他們的名譽。」

有了硬體的輔助，卻沒有設計能力的他，買了一台單眼相機，跑了五十幾個國家拍當地的古蹟、建築、雕刻，買來各種文化、世界遺產書籍研究。「像是羅馬柱上的花紋、圓柱頭等，或是羅馬當地小女生五彩繽紛的小飾品等，回來再跟壓模工廠研究，先用保麗龍雕刻看看，慢慢走出不一樣的風格。」他自豪的說，當時利銓的產品無論技術或品質，都遠遠超出臺灣的同業許多。

喜歡求新求變的他，拿來幾大本檔案夾，翻出陳年的各種新樣式與發明的專利證明，「這是日本客戶教我的，要開發自己的產品要有註冊才有保障。」但此舉也讓他吃不好睡不著，因為當時剛好遇到美國三〇一報復條款，美方嚴格要求臺灣重視仿冒問題，一旦仿冒者吃上官司，就會透過黑白兩道要求他撤告，「當時我跟美國做生意，半夜電話響都不知道該不該接。」每天疲勞轟炸的結果，讓他索性再也不申請專利。

出走，回來

「到大陸其實是不得已。」邱文虎說。九〇年代末期，中國崛起，夾低廉工資、廣大的土地向世界招手；而後隨兩岸開放交流、臺灣工資飆漲，以及政府相關政策不利中小企業發展，使得許多中小企業選擇出走大陸，邱文虎也在美國客戶給的三年期

限要求下，於一九八七年起陸續於東莞、湖南設廠。

「當時臺灣的廠也還在運作，但一直萎縮。」年輕人不肯做使得工人年紀偏高，產能下滑，每年都要虧一千萬，「用大陸賺的來貼臺灣」是當時許多臺商的做法，「但我們卻被罵為臺奸。」邱文虎苦笑說。

但中國政策朝令夕改，且含混模糊，從東莞到湖南的三千人大廠，最終邱文虎還是決定撤資回臺。「美國在九一一事件後，規定進口貨物必須是成品，如此一來，我的燈罩必須依附在五金產品上一起報價，當五金貨主有我的報價，就會去找更便宜的中國廠商，我們就被吃掉了。加上後來美國客戶的採購總裁換人，也就結束合作。」

下一步

面對臺灣人才斷層，邱文虎認為根本在於教育。「義大利工資比臺灣貴，為何至今仍有玻璃廠、皮鞋廠、雨傘廠、服飾廠、燈飾廠？」他記得有一次住在義大利客戶家，看著客戶三歲的孩子自己決定要買什麼穿什麼，「這是教育，不僅是環境教育，還有美感教育。」邱文虎說，在國外，有玻璃相關的專業系所，才能做科學的研究，「中國還有專門的玻璃學校，有玻璃系、陶瓷系、窯爐系。」反觀臺灣長期陷於政黨惡鬥，也喪失了競爭力。

當產業環境不再成為現實，還想繼續下去嗎？邱文虎黯淡已久的眼睛再度發光，「當然，而且是沒人做過的。」他說，這是綜合威尼斯經驗與工作室的模式，希望在未來，成為一個提供藝術家創作、也能自我小量生產的創意基地。（文／錢麗安）

老物件看過去的生活樣貌

物件的生命可能比人類長壽，
從細節中去尋找過去，
觀看那些可能你我都未曾參與的昨日。

文／味兒食器、五〇年代博物館 張信昌

早期臺灣常見清涼的冰果店與冷飲攤，如不是外帶，大多是給予玻璃杯於店內或攤位前飲用。因應當時市場需求，各家玻璃廠製作許多厚實的玻璃杯（不易打破），花樣也百家爭鳴，但大抵主題都圍繞著夏季意象或花果圖像（因夏季果汁冷飲銷售量較佳）。

這套充滿著夏日情懷的落日果汁杯，是由一九二五年成立的「華夏玻璃」製作。「華夏玻璃」現今為臺灣數一數二的玻璃

早期印花果汁杯-落日

臺灣製／華夏玻璃
印花透明玻璃
尺寸：Φ 7 cm H 13 cm

早期印花水杯-黃花

臺灣製／臺灣玻璃
印花透明玻璃
尺寸：Φ 7 cm H 9 cm

大廠，最初名為「合成玻璃」，早期以人工吹製方式生產玻璃。特別一提，許多人童年回憶中的彈珠汽水瓶，最早的製造商就是「華夏玻璃」！

在早期工商業的社會中多重禮數，故每逢年節喜慶，往往都會訂製禮品贈送客戶，感謝其一年的辛勞。假若餽贈餐具，大多會於訂購時，請廠商將贈予字樣燒製於杯壁或杯底，如購買現有貨品則是將贈與字樣打印於外紙盒上。

這組外盒已丟失的黃花水杯，雖是現成的公版杯型，但來頭不小，是已故的林洋港先生在擔任臺北市長任內的酬謝禮物。廠商則是由一九六四年成立的臺灣玻璃公司（簡稱台玻）製作，台玻的商標十分有趣，是對稱的三角形狀，成一「台」字。

黑松公司於一九二五年，以進馨商會名號首創「富士牌」、「三首牌」生產彈珠汽水，成功踏出經營飲料的第一步。早期的空汽水瓶都需退瓶回收，清洗、消毒、殺菌後重複使用，瓶身上紙標，常須經過冰塊冰鎮使汽水更為清涼，但紙標經過浸泡後保存不易。

以前汽水瓶上的紙標是純手工繪製出商標圖騰，在那個沒有電腦標準字的年代，不同款的汽水都能擁有專屬自己的商標衣裳。但有許多紙標破損甚至掉落遺失的老瓶子，僅能依瓶身立體浮雕字體去研判瓶身的品牌。

臺灣啤酒最早是在日據時期約一九一九年由高砂麥酒株式會社開始釀造，那時稱為『高砂生ビール』。二次大戰後，由當時成立的臺灣省菸

黑松汽水瓶

臺灣製
尺寸：左Φ 7.5 cm H 29 cm
右Φ6.5 cm H 22.5 cm

臺灣啤酒瓶

臺灣製
尺寸：Φ 6.5 cm H 21.5 cm

酒公賣局接收，並改為「臺北第二酒廠」，並將「高砂生啤酒」改名為『臺灣啤酒』。

早期臺灣啤酒在臺灣就非常受國人喜歡，啤酒的瓶身也因時代不同而有變化，現在市面上的總統就職台啤款，在六、七〇年代就有，只不過瓶身不是綠色而是棕色。由於棕色的瓶身容量較小，不太適合當時辦桌豪飲的臺灣民情，漸漸的公賣局便把瓶身容量加大。

除此之外公賣局也有特別為外銷市場所生產製造的胖胖瓶，外銷瓶身除了TAIWAN BEER／臺灣啤酒字樣外，唯一不同之處是紙標上的配色為白底紅字，這是臺灣啤酒紙標上罕見的配色設計。

SEE-THROUGH MEMORY

Feeling the Heat of Everyday Glassware

Chapter two

職人的記憶——窯口玻璃

Recollections of a glass-making craftsman

走進玻璃廠，眼前的景象因為高溫顯得搖晃，但仍見師傅俐落的從窯爐裡取出了個小光點，突然一個呵氣吹成燈泡般的小圓，眨眼間這小燈泡般的火光放入一塊鐵模裡，出來時，已是一個微微泛著紅光的玻璃物件——這是每天在窯口玻璃工廠不間斷的作業動線。

模具師傅將生鐵磨成各種形體、不同花紋的模型；司爐人徹夜守著八卦窯，將坩堝填滿矽砂等待熔融；玻璃師傅以團隊接力的方式，將玻璃膏吹製成一件件的玻璃製品。這三種傳統的職人，守著臺灣剩下不多的窯口玻璃廠。在不久的未來，是八卦窯爐裡的火先熄滅？還是這些沒有接班人的老師傅們先退休？

Step 1

第一步 開模

Mold-making

下了新竹交流道，轉幾個彎進入一條沒有出路的小巷；我們拉開舊式木門，映入眼簾的是，佈滿灰灰厚厚的鐵屑牆面，和繞成圈拍列的各式機具。戴著護目鏡與口罩，在隆隆巨響聲中，如果師傅沒有關掉機具，是無法與我們對話的；他們接過設計師、玻璃廠手中的設計圖或是木頭樣模後，腦子便啟動了3D模式，開始解構模具，再將腦子裡的畫面透過不同的機台刻劃在一塊塊的生鐵上，將生鐵磨成玻璃模具。他們決定了設計會是幻想還是夢想。

模具師

陳錦輝

「玻璃廠只剩兩三家當然無法帶動產業，
而且坦白說，
我也不希望年輕人來學，
因為看不到願景。」

離新竹交流道不遠的安靜巷弄裡，一幢老屋內斷斷續續發出尖銳的金屬刮磨聲，往內探看，陳錦輝正瞇著眼，專注的操作著雕刻機，隨著刀鋒走處，如塵的鐵屑斷續噴濺而出；一旁搭檔合作近三十年的師兄陳國明，沈靜熟練的切換著不同機台，一遍遍打磨著手中的鑄鐵模具。看似常見的小型車床廠工作景象，卻是新竹地區碩果僅存的玻璃模具的手工製作風景。

「現在以手工製作模具的，竹南還有兩家，新竹就剩我們一家。」但陳錦輝記得十七歲進入玻璃模具做學徒時，那可是另一番光景。當時臺灣玻璃產業正從傳統口吹法邁向模具量產，竹南、新竹的玻璃工廠一家一家開，連帶的製作玻璃最重要的模具廠也如雨後春筍般迸發。「早年沒有輔助機台時，模具製作得全靠手工一鑿

一鑿的敲出來，跟雕刻一樣。」笑說自己很幸運的他說，不僅老闆將技術傾囊相授，加上彼時車床、銑床、放電機、雕刻機等輔助設備相繼出現，省去學習手鑿模具的艱辛。

但機器畢竟是輔助，從入門到能充分掌握製作訣竅，平均得花上三年的時間，陳錦輝至今還記得，剛學時不得要領，連簡單的校正中心點都要摸索半天，「模具一定有中心點才打得開，也才能依據這個中心點來車模，如果沒有校正到，做出來的模子就會歪歪的打不開，等於報廢了。」但對農家出身、無法升學的他來說，這些新穎的機台有如一個全新的世界，充滿無比的吸引力。

與自動化賽跑

「最主要是溫度的差異，」陳錦輝說，玻璃從原料熔解到整個製作過程都處在極高溫中，因此模具也必須能耐高溫，因此多半以金屬為主，其中生鐵不僅耐熱，毛細孔還可散熱，玻璃才不會黏在模壁上，因此玻璃生產使用的模具都以生鐵鑄造而成。

通常模具廠收到客戶的樣品或設計圖後，得先請木工師傅按圖製作木模，接著送到鑄造廠製成模具粗胚，才開始進行刨平、校正中心點、車內圈、雕刻等細部模具加工。「在玻璃產業全盛期，單是排鑄造廠的生產單就得排上七到十天，細部的加工壓模大約三個工作天，一件手工模具至少得抓兩週的作業期，遇上高難度的模具，像是特殊造型、角度等，有時得花上二十幾天才能完成。」陳錦輝還記得，在玻璃產業高峰期，每個月只能休息一、二天，每天工作超過十二小時，才能準時交件。

恭賀新禧
開市大吉

機器畢竟是輔助的，
雙手的技術與經驗才是關鍵。

手工打造曠日費時，有辦法跟後來興起的CNC自動車床競爭嗎？陳錦輝笑笑說，自動車床通常需要達到一定的產量才划算，否則換算下來單位成本其實更高；相對下，手工模只要兩三組就能開啟生產線，機動性強、成本也較低。此外，手工製作的模具還具有自動車床缺乏的「多拆性」，可以針對不規則的造型與花紋做有利的拆模，最多可拆成六片模，但自動車床僅能對半拆或兩拆（新型的德國機台可做到四拆），遇上四角型瓶子或複雜的花紋就無法處理。

做了將近四十年的模具，至少開了上萬組模具，他印象中幾乎沒有開不了的模具，但模具做得起來，不代表一定能順利的生產出玻璃產品，「模具是死的，給我們什麼形狀我們就照著做模具，但玻璃有厚薄，會變形，無法標準化。」像是比較立體的物品如果過薄，打開時接觸到空氣就容易裂開；或是機壓的杯子，乍看下是圓形，但實際測量會發現呈橢圓形，這是因為在退溫過程中變形了，「而且玻璃越厚，縮水量越大，因此在製作模具時，都要把這些變數計算進去。」

因此，與客戶的溝通便格外重要。在陳錦輝眼中，有許多年輕的設計者非常有創意，設計圖天馬行空，但看一眼就知道做不起來，或是需要額外加工，然而加工成本很高，因此需要事前充分溝通。還有一次，一家手機大廠想做玻璃的手機殼，開出一天五百片的產量，「這完全不可能，就算模子開得出來，工廠也做不出來，因為太薄，而且玻璃是易碎品，不但不能保護機身，還可能摔碎。」

除了製作模具，還有後續的「終身服務」——維修。「模具溫度過高、

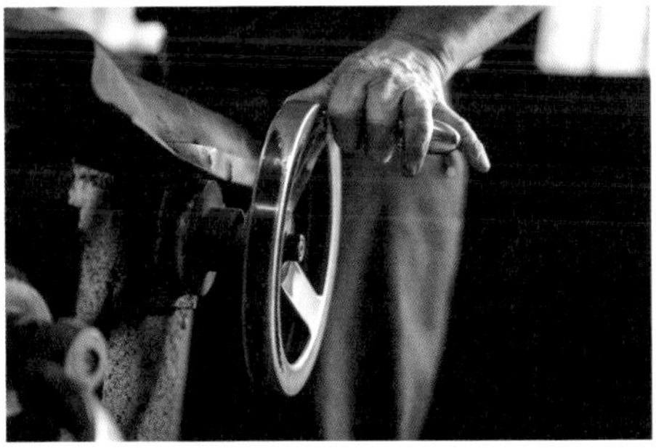

舊了，或不小心碰到，可能都會導致模具缺角或龜裂。」陳錦輝解釋道，一般來說在生產前都會做模具檢查，最怕的是上了生產線才發現問題，尤其是碰到製作特別色的玻璃時，「因為現在玻璃工廠很少加班，三隻模具如果壞掉一隻，時間到了東西做不完，老闆就會損失。」

因此，從接到維修電話，趕赴竹南取件、回到工廠修補，再送回生產線，必須控制在兩個小時內，扣掉往返時間，真正用於維修的經常只有一小時。「所以週六只要客戶沒有休息，我就必須待命，但星期天我就關機。」

等待退休

民國八十年代末期，臺灣玻璃產業逐漸走下坡，工廠紛紛收攤，或轉進工資、原料更低廉的中國市場，恆昌也面臨入不敷出的窘境，這時長年洗腎的老闆有意結束，詢問陳國明、陳錦輝師兄弟有無承接意願，願意把機器送給兩人，廠房也僅收租金，「當時我們都是四十歲的人了，又沒讀什麼書，不曉得能轉什麼行業，當然就說好。」

自己做就得找客戶，他與師兄分工，師兄負責車床，他負責雕刻與對外業務。初時，工廠的接單以新竹埔頂、香山一帶為主，慢慢拓展至竹南，除了原先的手工製作玻璃客戶外，也幫自動化機器製作樣本。

近四十年的模具生產，陳錦輝說從製作的模具約略也能看出不同時代流行的外銷玻璃產品，像是二十年前流行水晶，但因為含鉛等化學藥劑，在食安考量下只能作為觀賞；有幾年流行燭台，再來是衛浴組，像是毛

巾架、肥皂盤等，以及玻璃的抽屜頭等。

面對這個行業的式微與人才斷層，樂觀的陳錦輝搖了搖頭說主要是卡在現實面，「玻璃廠只剩兩三家當然無法帶動產業，而且坦白說，我也不希望年輕人來學，因為看不到願景。」

「我做這一行是真的有興趣，雖然是在生產線一直做，但今天做的模具是容器，改天做的是立體的，會有產品的變化，不是一成不變死板板的，那就容易有倦怠，常常變就有挑戰性。」

「現在只剩三家手工模具廠，另外兩家的老闆年紀都比我們大，都在等退休了。」陳錦輝笑說，我也想六十歲退休啊，那麼小就出來工作，實在也夠了。

話雖如此，隨意聊起桌上一尊龍首昂揚、尾巴彎翹，呈現極度不規

則姿態的龍鯉，陳錦輝又興致勃勃的比畫、研究起來，「這個應該要拆成五到六片模，要找木工師傅先把底下的蓮座刻起來，紋路也需要特殊加工，大概得花上五十個工作天才能完成……」專注的好似已忘了方才的退休期望。（文／錢麗安）

開市大吉

合作三十年的師兄弟，
總笑說比真正的牽手還像牽手。

01

開模流程

The process of mold-making

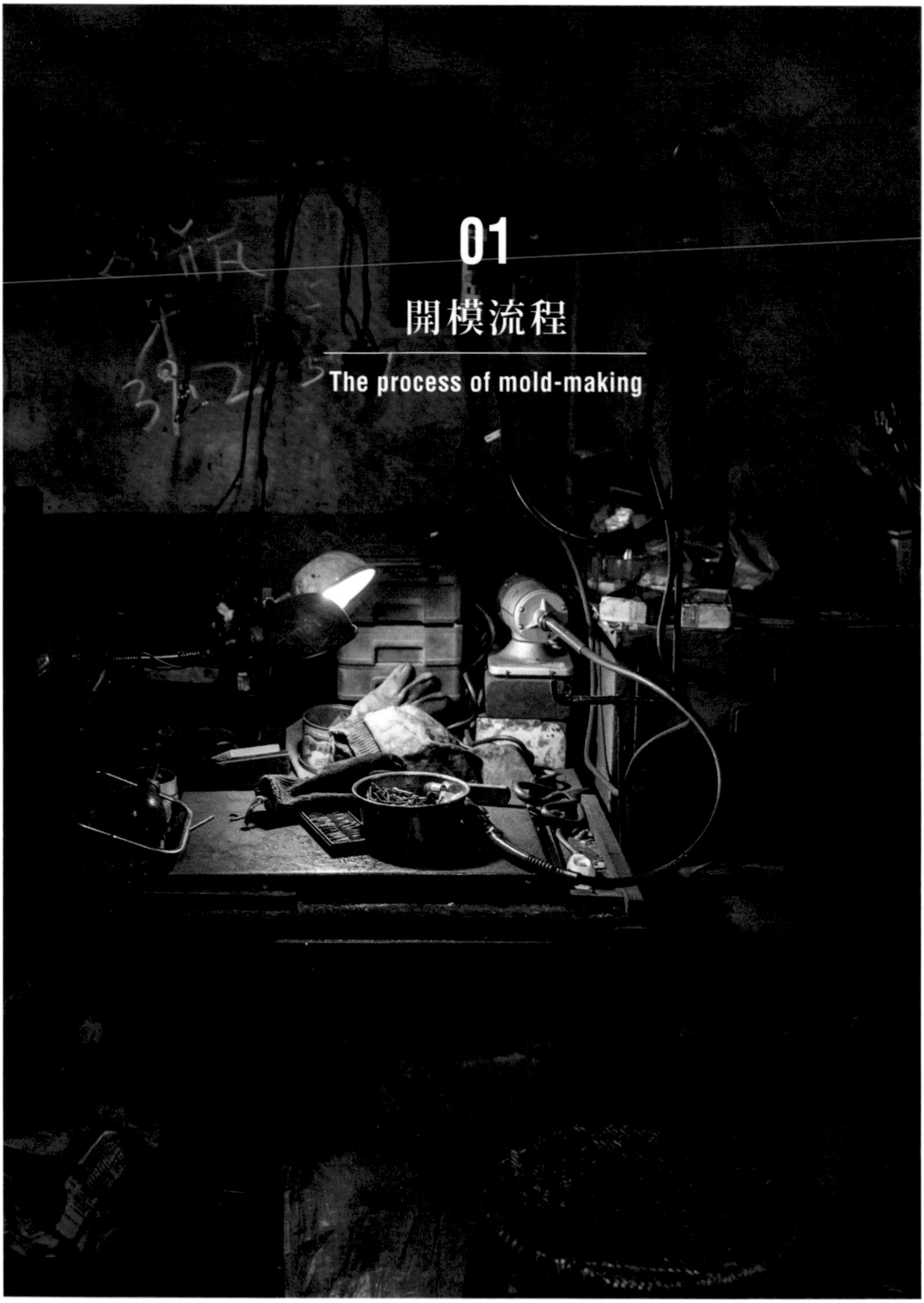

❶ 收到生鐵鑄造廠的模具粗胚。

▼

❷ 用銑車機刨平、刨出大致的輪廓。

▼

❸ 用車床鑿出較細微的部分。

❹ 視需求以雕刻機雕刻紋路。

▼

❺ 視需求以放電機雕刻出特殊紋路。

▼

❻ 視需求進行徒手雕刻。

那些來自世界的經典杯

所謂的經典是他們經得起時代的考驗，設計不被時間超越，技藝不被科技打敗；也或許都只是那麼一個執念，讓他們走到今天。

Sheer Rim / D.T.E.

歷史有兩個世紀那麼久的Libbey是推動美國俄亥俄州玻璃城誕生的重要角色，也影響整個北美的玻璃產業發展，大家都把他們的產品視為生產標準；他們也專研玻璃強化的各種技術，擁有許多專利，像這個Sheer Rim系列就是強調杯口冷切強化技術，讓杯口不容易裂開，又可以保持光滑的觸感。（因為一般的切法會使杯口較粗糙，常用在花器而非會碰到嘴巴的杯子上。）

Libbey

1818年
美國

The O Wine Tumbler

這個名字從未出現在任何一支葡萄酒標上，卻深深影響全世界的葡萄酒；因為第九代經營者Claus J. Riedel在一九七三時，發現到杯子的形體會影響氣味與口感，開始專研酒杯的開發與設計，推出的Sommeliers系列為品酒世界打開感官大門。直到近年，推出O系列的杯子，保留替不同葡萄品種而設計的形體，但拿掉杯梗與杯座的部分，使用起來也比較輕鬆不拘束，讓品飲這件事情深入日常。當然，少了一些部分，價格也親民，是這幾年深受大眾喜愛的杯款！

Riedel

1756年
奧地利

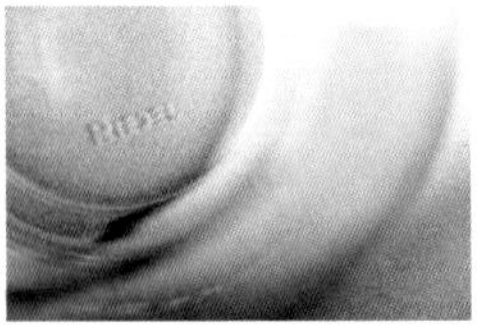

東京復刻BRUNCH系列

在二戰後，機器的大量生產劇烈影響日本的傳統窯廠，廣田硝子仍堅持保留江戶切子的傳統技藝，是指在玻璃上面雕花的技巧，這可是需要磨上十年才能出師的呢；過去這是家傳工藝不外流，廣田也積極培育人才來保留這項技藝。東京復刻BRUNCH系列，是對照五〇年代的商品設計再復刻出來的樣式，先是手工吹製出杯子的型體，接著讓師傅的雙手透過砂輪磨盤在薄透的杯子上一刀一痕的留下經典！

廣田硝子

1899年
日本

Picardie Amber

這個號稱法國國民玻璃杯，早已深入法國人的日常，從小在家、學校、外出用餐等場合都可以看到這個品牌；甚至聽說在校園裡小朋友會看杯底的數字，來決定今天誰當值日生。Duralex一開始便將強化玻璃運用在日常器皿上，耐熱又耐摔大受喜愛；設計上也很簡單，所以一直看到也不會膩吧！其中這個Picardie系列最值得注目，曾被設計大師將其與瑞士刀、Levi's同列視為經典的設計喔！

Duralex

1945年
法國

Step 2

第二步 窯爐熔融

Into the melting furnace

下午四點左右，玻璃師傅們將坩堝裡殘存的玻璃膏挖空後，便可以下班了。而八卦窯爐還沒有下班，以瓦斯槍從坩堝口加熱，將投入墊在坩堝底的碎玻璃慢慢熔融，之後再補滿矽砂，亦是等待熔融，之後大概每小時需要再填滿矽砂在坩堝裡，因為熔融後的玻璃膏會下沉，就這樣替每一個坩堝每小時的分批熔融，讓一個坩堝填滿五、六百公斤的玻璃膏後，這時候應該已經天亮了。每夜守著窯爐的是司爐人，替明日的訂單與生意默默的守護著。

司爐者

曾通農

三十多年來，有兩種溫度
一直伴隨在玻璃廠陪著「燒火ㄟ」：
超過一千五百度的八卦窯，
吸入時高達九百五十度的煙頭。

三十多年來，有兩種溫度一直在玻璃廠陪著「燒火ㄟ」（台語：燒火的人）。一是超過一千五百度的八卦窯，一是吸入時高達九百五十度的煙頭。

要獲得晶瑩剔透的玻璃製品，所有的玻璃原料都必須徹底熔解，因此需要七八個小時高溫（千度）持續加熱。這就是「燒火ㄟ」（又稱司爐）的主要工作——確保八卦窯的爐火徹夜燃燒，並準備好明天所需的玻璃原料。而要在這三十多年一個人度過漫漫長夜，並看著玻璃產業從極盛跌至幾乎消失，或許不能不叼著煙、將吐煙如嘆氣一般大力呼出。

當我們來到玻璃廠時，曾先生騎著摩托車準時在四點前到達。玻璃廠的胖老闆都叫他「老灰啊」（『老頭子』的台語）；曾先生笑著修正：我是「燒火ㄟ」啦。隨即叼起煙，到窯爐前開始工作。先是拿著鐵鎚將推車

內的玻璃瑕疵品打碎，然後一車一車推至窯口前，鏟入坩堝內；接著倒滿矽砂，並在爐口砌上防火磚。然後，用管線把瓦斯噴入爐內、加大火力，讓窯爐發出嚇人的火燄聲。

這些倒入的第一批原料需要燒一個多小時，這段時間，曾先生走回他的「位子」上跟我們閒聊。說是「位子」，其實就是不常用的窯爐絞車邊上放個椅子與電風扇、重油控制閥上面放個架子，架子上面有時鐘、收音機，還有許多可以擦汗的毛巾。周圍再放著兩大桶用來補窯爐破洞的黏土與沙。這就是「燒火ㄟ」的辦公室。

曾先生說，三十多年來，他一天總是兩包煙，跟著臺灣種種變化，從吉祥牌一直抽到白長壽。當時竹南有很多玻璃廠，據說超過百間。玻璃師傅每天頂多做到下午兩點，接著就換上西裝出門，附近的小吃店每家便會客滿，喝酒的喝酒、賭博的賭博。「那時候沒有什麼臺灣啤酒，都是喝老米酒，或者是紅露酒。」曾先生說。「但我不喝酒，只抽煙，一個人一種壞習慣就夠了。」

而所有玻璃廠的「燒火ㄟ」也都彼此認識，當年大家把第一輪材料放好之後，也會一起相約出來吃宵夜喝酒。附近的公義路（現在的超豐電子前門）都是路邊攤，玻璃廠的工作人員總是把那條街吵得沸沸揚揚，跟現在人煙稀少的狀況完全不同。

曾先生等到剛剛放入的第一批矽砂與玻璃熔解，原本滿至窯口的高度逐漸下降，便起身到鍋爐前繼續加入矽砂，再等下一個一小時。

與窯爐為伴

跟大部分有窯爐的工廠一樣，位於

先以回收碎玻璃熔成鍋底，
在開始填入矽砂。

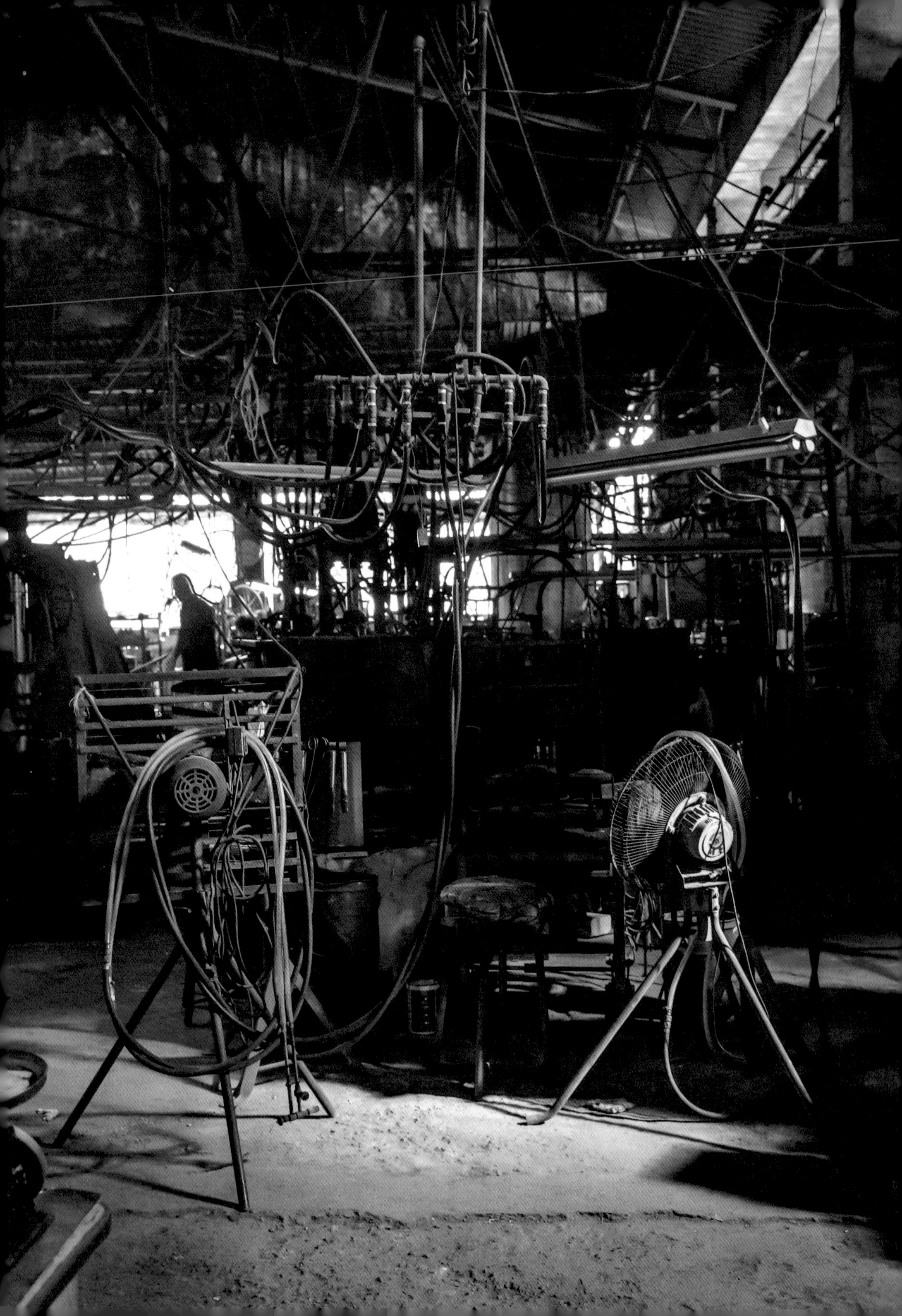

苗栗竹南的順豐玻璃有個百多公尺高的煙囪，廠房佔地約兩百八十坪、屋頂與外牆都是鐵皮。建築上方基本上是開放的，自然風與陽光可以穿越廠房。煙囪延著地下通往窯爐，上方十個窯口成放射狀開向四周。各種玻璃工具、設備與模具圍繞著窯爐，看似混亂，其實背後暗藏著多年來的工作流程，構成玻璃師傅的工作動線。

每個窯口內部各有一個坩堝，所有玻璃都在坩堝內熔解，師傅開工時，再從坩堝中挖出玻璃膏出來加工。臺灣傳統坩堝受日本影響，大多將開口做在側面，看來像是一隻貓，所以日本人也稱為貓堝。窯爐下方有一個地下室，布滿油與火的管線，如果窯爐燃燒有問題，就可以在此檢查修復。

曾先生今年六十多歲，年輕的時候

挖出坩堝內剩下的玻璃，
是玻璃師傅打卡下班、也是司爐人的上班。

是做翻砂鑄造，需要持續將鐵水倒入砂模裡，也是充滿著高溫熱氣、終日汗流浹背的工作。後來因為玻璃的薪資更高，所以早早就換了跑道，一作就是三十多年。曾先生說，這是個責任重大的工作。因為隔日的所有作業都有賴今晚燒出來的玻璃膏，所以如果一旦出了差錯，一天可能好幾十萬的錢就飛了。

一個窯爐都會有一個爐主，爐主會將窯爐一口一口租出去。當年許多玻璃師傅會來這裡，租一口窯，買原料自己接單作燈具或杯盤。從窯裡面一個接一個把燒得紅通通的玻璃膏吹成晶瑩剔透的產品，一天下來就可以賺好幾萬。「燒火ㄟ」通常就是爐主所聘，每天徹夜負責將隔天租下窯口的所需材料燒好。玻璃全盛時期，窯爐的十個窯口都會有人租下，每個坩堝每天都可能需要不同的材料，材質、顏色、配方都要講究，曾先生需要工作到半夜才做得完。

自然淘汰

我們雖然來過玻璃廠不止一次，但都是在白天開工時，熱度與聲音擠滿整個工廠。這次跟著「燒火師傅」一直待到所有人離開，看著整個廠房落入黑暗中，只剩下窯爐呼呼的燃燒聲，還有師傅說一句停兩句地把我們來不及見到的玻璃盛況緩緩地描繪出來。

現在傳統玻璃工作變少了，窯爐不如過去盛況，只有租出去三口。如果材料不是太特殊，通常在晚上十點以前，就可以把材料都堆進坩堝裡。這時候，曾先生就會拉出躺椅，在巨大的廠房裡一個人睡覺，等第一班師傅開工，他再離開。

這幾年，曾先生在苗栗山上買了一塊地，開始種起桶柑，算是作為玻璃廠將來有一天結束之後的預備工作。沒想到才剛開始的新事業，馬上就遇到苗栗莫名其妙的降雪，讓收成深受影響。不過曾先生說：「在這種工業時代，山上早就沒有年輕人了，只剩老人。年輕人都來城市裡找工作。」話鋒一轉，曾先生說到了玻璃：「就跟玻璃廠一樣，早就都到大陸或者越南了，臺灣也都沒有了。」「年輕人也不喜歡這麼熱的工作，都要吹電風扇。」（我們糾正他：「可能都要吹冷氣。」）

問到窯爐作業在臺灣逐漸消失，是否會覺得可惜？曾先生跟絕大部分臺灣傳統產業的師傅一樣，以毫不猶豫的口吻說：「可惜也沒辦法啊，社會自然淘汰啊。」

一夜之間聽完臺灣傳統玻璃從極盛到「淘汰」，我們走出空蕩蕩的玻璃廠，像是失去力氣一樣蹲坐在門口。

讓我們些許感傷的原因，不是因為剛剛離開的可能是最後一位「燒火ㄟ」。（事實上，曾先生提到另一家玻璃廠有位認真學習的泰國移工，好好地承接了這個工作。）而是因為，曾先生更像一位最後的見證人，在高溫的爐邊，一邊嘶嘶地啜著煙，一邊遞給我們隱約閃耀的水杯，希望我們嚐到那從竹南的窯爐為起點，一度照亮世界的玻璃故事。（文／周易正）

02

窯爐熔融流程

The process of glass melting in the furnace

❶ 玻璃師傅們收工前，需要先將坩堝內剩餘的玻璃膏清空。

▼

❷ 先利用瓦斯槍作為輔助火，讓坩堝均勻受熱。

▼

❸ 等待的時候，司爐師會去敲碎同樣顏色的回收玻璃。

▼

❹ 先將回收玻璃倒入坩堝裏填滿。

❺ 用防火磚封住坩堝口。

▼

❻ 繼續用瓦斯槍輔助加熱。

▼

❼ 待回收玻璃熔解後，再加入玻璃矽沙原料。

▼

❽ 熔解後，持續添加玻璃矽沙原料；重複添加至坩堝內的玻璃膏滿了。

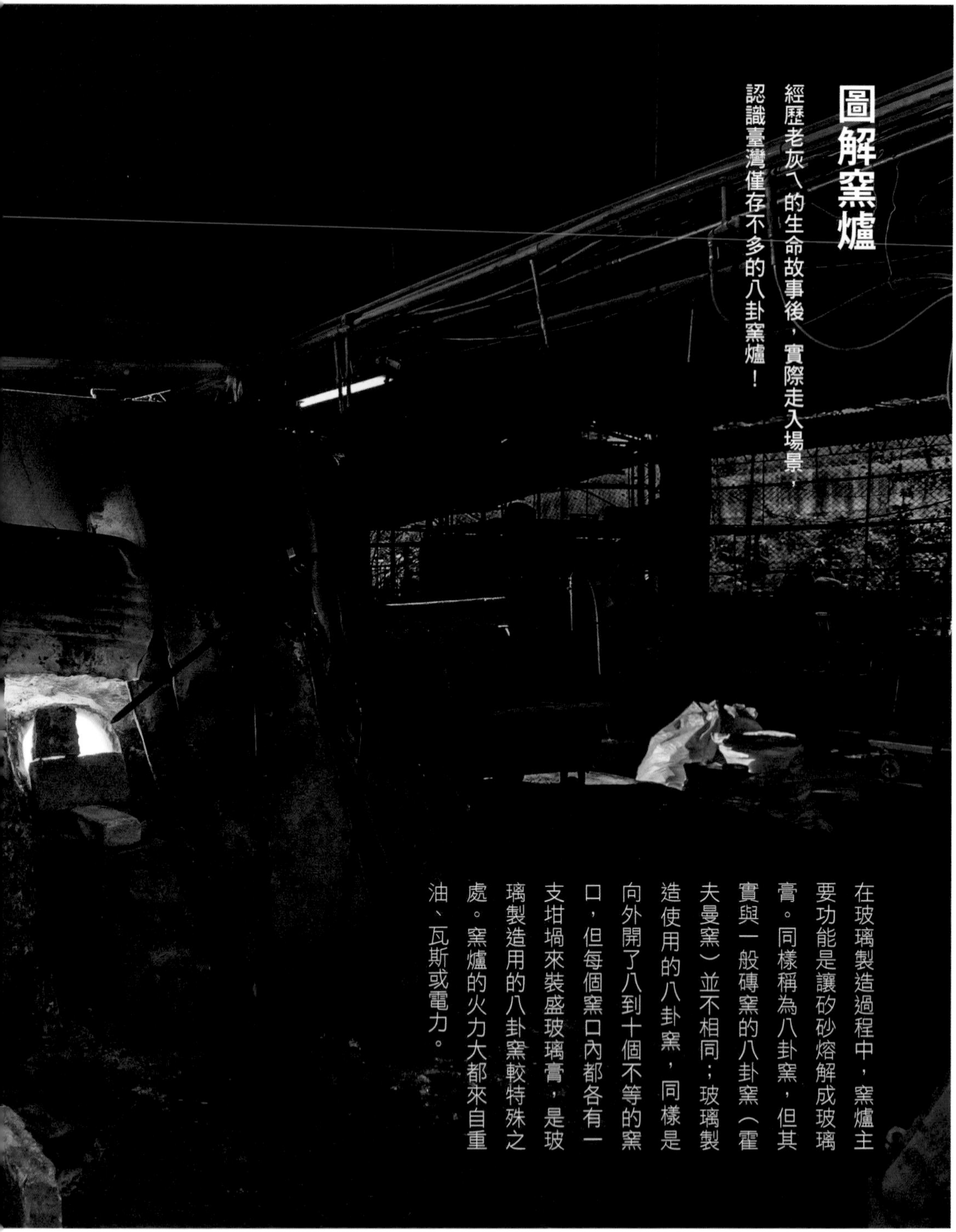

圖解窯爐

經歷老灰ㄟ的生命故事後，實際走入場景，
認識臺灣僅存不多的八卦窯爐！

在玻璃製造過程中，窯爐主要功能是讓矽砂熔解成玻璃膏。同樣稱為八卦窯，但其實與一般磚窯的八卦窯（霍夫曼窯）並不相同；玻璃製造使用的八卦窯，同樣是向外開了八到十個不等的窯口，但每個窯口內都各有一支坩堝來裝盛玻璃膏，是玻璃製造用的八卦窯較特殊之處。窯爐的火力大都來自重油、瓦斯或電力。

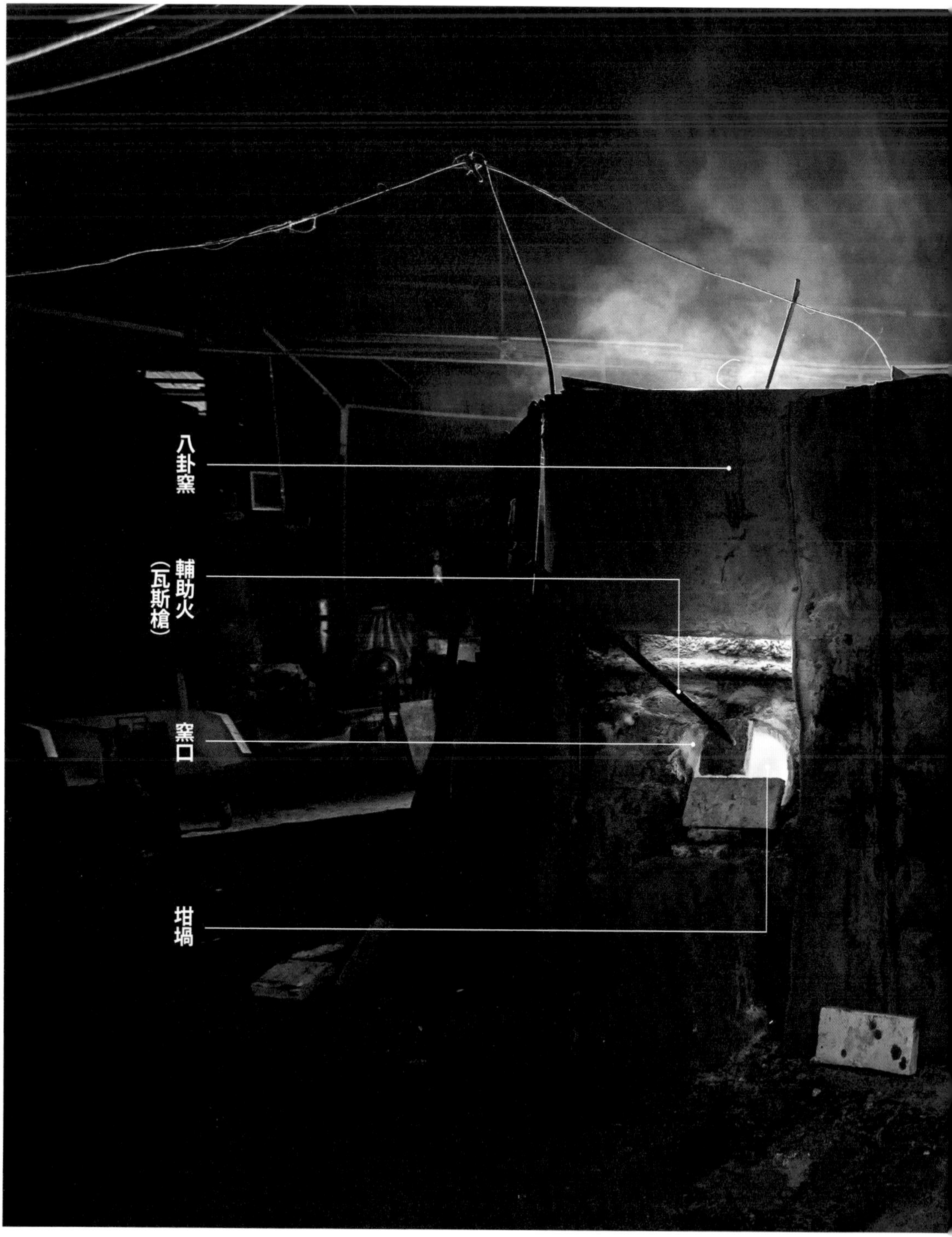
八卦窯
輔助火
(瓦斯槍)
窯口
坩堝

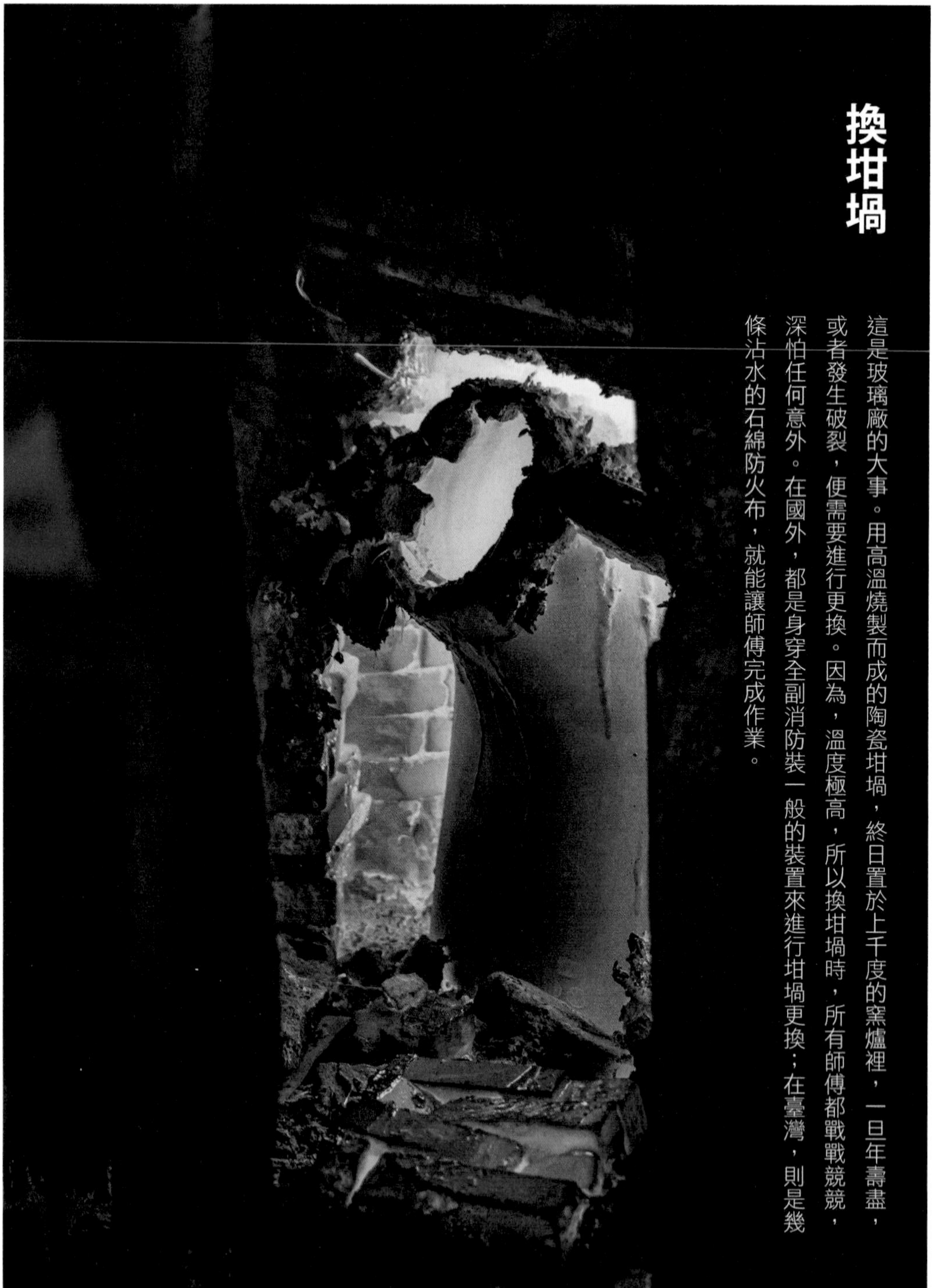

換坩堝

這是玻璃廠的大事。用高溫燒製而成的陶瓷坩堝，終日置於上千度的窯爐裡，一旦年壽盡，或者發生破裂，便需要進行更換。因為，溫度極高，所以換坩堝時，所有師傅都戰戰競競，深怕任何意外。在國外，都是身穿全副消防裝一般的裝置來進行坩堝更換；在臺灣，則是幾條沾水的石綿防火布，就能讓師傅完成作業。

❶ 先準備好新坩堝，送去加熱至千度，準備進窯爐。

▼

❷ 敲開窯爐的防火磚，讓舊坩堝整個露出來，過程中都要有專人拿石綿布保護師傅。

▼

❸ 多人一起用砲車頂起舊坩堝，然後快速拉至室外。

❹ 拉出加熱超過千度的新坩堝，用剛剛的砲車迅速推至鍋爐前。

▼

❺ 將新坩堝推進窯爐裡，重新在外砌上防火磚。

▼

❻ 大功告成，將功成身退的舊坩堝放至冷卻，等待回收。畫面裡，坩堝內部的剩餘玻璃膏依然發出紅光。

Step 3

第三步 模具口吹

Mold-blowing

初次到來工廠時，師傅們總是簡單帶過我們的各種好奇，或許是每天吹出來的玻璃品還比他們說的話語多吧！模具口吹只是八卦窯能運用的各種製法之一，但不同於其他可運用機器輔助打氣、加壓、旋轉等，這是完全以「人」為掌控技術關鍵的製法；透過吹氣填充玻璃的內在，再使用模具來形塑其外貌；我們仍然無法想像如何用口吹感受玻璃在模具裡的厚薄變化，只是不停地聽師傅們說「玻璃是活的」，用心去感受他就對了。

模具口吹師

王春輝、許明安、徐文光

若等到玻璃轉為透明時才進行吹形，
玻璃就會炸裂。
通常吹好的小泡由紅轉淺黃色，
不到三十秒的時間。

春末的微涼午後，利銓玻璃廠內已是溽暑的體感，工業電扇呼呼吹送，絲毫驅不散由窯爐傳送出的熱氣。口吹組的許明安、王春輝與徐文光，不疾不徐的拿著長桿往窯爐內坩堝挖取一小坨熱得泛紅的玻璃膏，走到定點以口微微吹成小泡後放上工作台，另一位工作人員隨即接手，將小泡放入輔助模具中，徐徐吹塑成型放到旋轉台，再由另一人拿起，輕輕轉動長桿，為玻璃降溫，也觀察其形色是否符合標準，達標的輕巧地敲下交由下一階段加工，沒過關的就棄置一旁。如此反覆，由上午七點到下午五點。「現在還不熱，夏天外面三十幾度，工廠內溫度可達到六、七十度。」廠長許明安說。

這樣的景象，從日本引進玻璃製作技術後，便成了竹南的四大產業風景之一（其餘三項為：金紙、草繩、陶

甕），「聽老一輩人說，日治時期（民國三、四〇年代），玻璃產業從日本傳入後慢慢開始興盛，當時竹南的天空全都是黑的，因為玻璃廠燒煤。」利銓老闆邱文虎說著像是天寶年間的盛事，對待了一輩子玻璃產業的許明安、王春輝與徐文光來說，那樣的時光是沒趕上，但各自也有著同時代的不同故事與記憶。

彼時農村、小鎮生活或有不同，但貧困極其類似，因而多半國小畢業就得幫著分擔家中經濟，當學徒習得一技之長不僅務實，也是脫貧創業的重要管道。相較於鐵工、水電、車床，當時的玻璃產業有如今日的台積電，可是當紅炸子雞。

「薪水高、工時短」是吸引許明安等人踏入這行的主因。國小、國中畢業後，在父母、親友牽線下進入玻璃場從小工做起，再憑藉各自的努力，

趁午間偷偷學著各種技法，「當時的師傅都很兇，會留一手，如果被抓到偷學會被用鐵管打。」許明安說，但貧困的環境會激發鬥志，幾乎每個學徒都冒著被發現的危險猛練習，只為早日出師，好領師傅級的薪資。「小工一天才七、八塊，師傅一天有一、二十元，帶著便當出門當然要爬高一點，哪有人要爬低的。」

凡事起頭難，從小工作起

傳統口吹玻璃法分為「小工」、「吹小泡」與「吹形」三個主要工序。

「小工」顧名思義就是初階的雜工，主要在協助吹小泡與吹形師傅，像是：控制模具開關、翻瓶子、敲瓶子等。徐文光說，吹形所使用的模具有兩種，一種吹形師傅可以自行控

看似複雜，但每個步驟都有師傅駐守，
環著八卦窯作業。

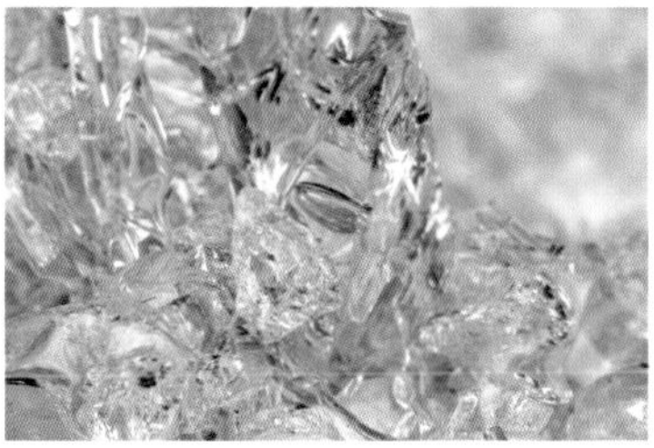

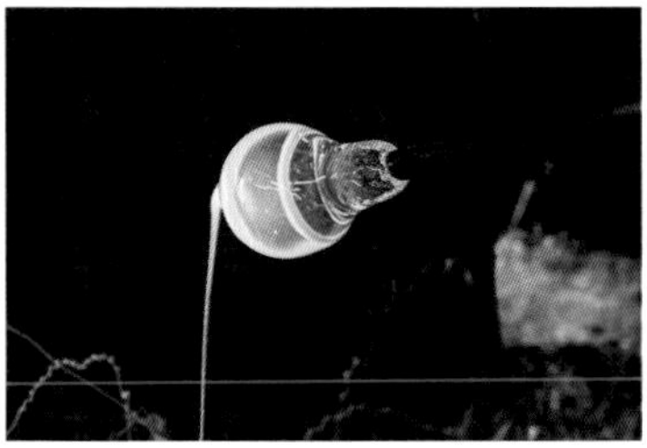

制開關，但遇到比較複雜、拆（開）數比較多的，就需要有人協助，「有些瓶子設計的比較平面、光滑，那只需要拆成兩片模，如果是立體的可能要拆成三至四片模，四拆在控制模具時會比較不好關，因為通常會做成死模，所以關的時候要比較用力。」

當吹形師傅完成玻璃的吹形後，負責小工的就得趕緊接手，透過轉動鐵桿，幫助成形的玻璃退溫，以免劇烈的溫度變化導致玻璃破裂；此外，在轉動的過程中，小工也要以目測方式檢查成品是否均勻，如果沒問題，就得有技巧地將玻璃成品自鐵桿上敲下，交由加工人員進行進一步的造型加工，若檢查出玻璃厚薄落差過大，就得棄置一旁。

「開關模具不只是『開』與『關』而已，溫度的掌控很重要。」徐文光說，以生鐵鑄造的模具很容易過熱，吹形時玻璃很容易黏在模具上；反之，如果模具過冷，熱呼呼的玻璃在冷熱交會下會龜裂，就報廢了，因此在開關之間，還得時時注意模具溫度，才能產出品質穩定的玻璃成品。

看似簡單卻關鍵的小泡

而通常在負責小工階段的學徒，就會冒著挨棍子的危險，偷偷進行下一階段的練習「吹小泡」。「玻璃不能一次吹形，因為冷熱差距過大，一定會裂。」王春輝說，老闆也會在一旁觀察，發現吹的不錯，就換成吹小泡。

吹小泡看來簡單有趣，卻是玻璃成形的關鍵。王春輝比劃著說，吹小泡最要的是挖玻璃膏，不僅要挖圓，還要厚薄平均、色澤亮麗，如果隨便挖，吹出來的小泡就會厚薄不一，很難修正。而玻璃膏的該挖多少，則取

決於產品的大小。

挖玻璃膏有沒有訣竅？「當然，鐵管伸進坩堝時手要穩，不能忽上忽下，這樣轉出來的玻璃就不圓，手穩慢慢轉，吹出來的小泡就漂亮，良品多，領的錢自然就比較多。」

聽起來簡單，學來可不容易，王春輝還記得一開始他先觀察師傅怎麼吹，慢慢利用空檔摸索，遇到不懂得就問，「我很幸運，因為工作是同學介紹的，不會就抓同學來問。」學著怎麼用眼睛、用口吹感覺，來判斷小泡的優劣。「勤勞學就很快，」他說，因為當時年紀輕、反應快、學習力強，學什麼都很快。「等吹出漂亮的小泡，那真是有成就感啊。」

成型三十秒

能把小泡吹得又快又好，才能挑戰難度更高的「吹形」。許明安說，吹小泡時，將玻璃膏從坩鍋取出後，一分鐘可以降溫一百多度，在降溫過程中，玻璃就會逐漸變硬，「玻璃會隨著溫度呈現不同顏色，是很重要的判別標準。」在膏狀時因為高達千餘度，玻璃膏呈現紅色，吹成小泡後，會慢慢隨著溫度降低轉為黃色，吹形師傅看到小泡轉為黃色時就必須趕緊將小泡吹形完成，若等到玻璃轉為透明時才進行吹形，玻璃就會炸裂。通常吹好的小泡由紅轉淺黃色，不到三十秒的時間，「所以吹小泡跟吹形的節奏必須掌握得很好，一旦有人延誤了，就會產生劣品。」

吹形同樣也不能一氣到底，否則後會厚薄不一，「要轉氣，邊轉邊吹，而且要順著玻璃略往下吹。」許明安說，吹的時候因為有地心引力，要順著玻璃微微往下吹，並透過旋轉瓶身

的吹法，去感覺玻璃的厚薄，逐一將玻璃在模具中調整出最佳狀態。

許明安說，早年玻璃製作沒有輔助模具，因此學徒要通過「吹形」這關格外困難，後來有人以馬口鐵做出簡易的模具，外圍用草繩捆綁，讓工人可以扶著草繩免得被高溫的玻璃燙傷。

「模具大約在民國四十年左右慢慢發展成形，最初是木模，但木模會越吹越大，因為會燒掉，最後才變成生鐵鑄造的模具。」邱文虎補充說道，除了塑型，模具也有冷卻的功能「馬口鐵跟木模冷卻的慢，」模具冷得快，生產的速度才能增快，產量才會增加，因此目前的模具多以鑄鐵為主。

此外，拆數的多寡，也攸關吹形的難度，許明安解釋說，拆數多表示瓶身越立體或不規則，難度相對高，吹形過程更要格外小心。也因此，每當接到新訂單，就得先進行試吹，「以一組四個人來說，一個人大約要吹兩次，第一次吹好敲下來看厚薄，第二次主要在調整厚薄，掌握竅門。確認無誤後才能進入生產線。」

玻璃是「活的」

「做玻璃很有趣。」陸續做過輪胎、汽車修理、車床工作的徐文光說，玻璃是「活的」，不像車床是機械、死板板，因為每天做的產品的玻璃性（即，玻璃成分，例如鉛玻璃、鈉鈣玻璃等）不同，會使得玻璃的軟硬度不同，所需要的工藝技術、製作速度都不同，很具有挑戰性。

而每天接觸玻璃，徐文光也透露私下也「玩」玻璃，「就是好玩，想要做一些跟別人不一樣的。」那時他常

與幾個師傅，趁著早上九點半休息的空檔或午休「創作」，互相觀摩。「那時候的老闆也贊成我們玩，可以刺激他的靈感，設計不同的產品模具。」偶而逢年過節時，也會「玩」一些作品作為送禮用。

許明安則是往管理發展，從學徒、師傅、自行租坩鍋當老闆，到被利銓邱文虎延攬為廠長，許明安在技術之外，也負責工廠的管理，而且還隨著利銓的中國擴展計劃，從一九九〇年起臺灣、中國兩頭跑，協助中國廠的人員技術訓練與廠務管理。

「剛開始他們連玻璃怎麼做都沒看過。」許明安說，那時的中國像早年臺灣，但窮就會激發鬥志，「從一開始連隻鐵桿都握不住，到後來再大隻的鐵桿都穩若泰山。」在他觀察中，臺灣人比較主動，會替老闆設想，中國人一心想要賺老闆的錢，卻不想付出，最好是不用工作就有錢拿，兩地思想觀念差異頗大。但讓他最心寒的是中國政策的朝令夕改，以及取得技術後就翻臉不認人，因此，工廠再三面臨迫遷後，他力主邱文虎撤資回臺。「但這段經驗也很有趣，最起碼出過國，管過那麼多人。」許明安大笑說。

做好每一天

雖說是日日在揮汗中工作，但優渥的條件，在當時還是吸引了許多人，「早上七點半到下午兩三點就下班，時間太自由了。」許明安說，更何況在全盛時期，玻璃師傅的日薪高達三千元，比起其他行業高出許多。

這時，邱文虎話鋒一轉，說起玻璃工人的下班時光，三人嘻嘻哈哈討論起來，彷彿回到年少時光。

8"圓球
出日本

原來，早年因為下班時間早，工人們下了班就相約到附近的溪流游泳，洗去一天的褥熱，再到鎮上喝喝酒，結果經常喝到七八分醉，一言不合就打起群架，「早年警察都是退伍軍人，根本不打不過年輕人，都躲得遠遠的猛吹哨子，等人差不多散了才出來。」邱文虎笑說，直到後來成立刑事組，找來年輕又精通柔道、跆拳道的警察，才讓工人們的群架稍加收斂。

「但那時候就是精力旺盛，發洩，不像今天是你死我活的打。」邱文虎說，也因此當時很多人都覺得在玻璃廠工作的都是壞小孩。「幸好我們都沒有變壞。」

至於未來，三人都搖搖頭說傳承不敢想，因為產業式微、大環境不理想都非個人能力所能改善，「就是做好每一天吧。」（文／錢麗安）

03
模具口吹流程
The blow and blow process

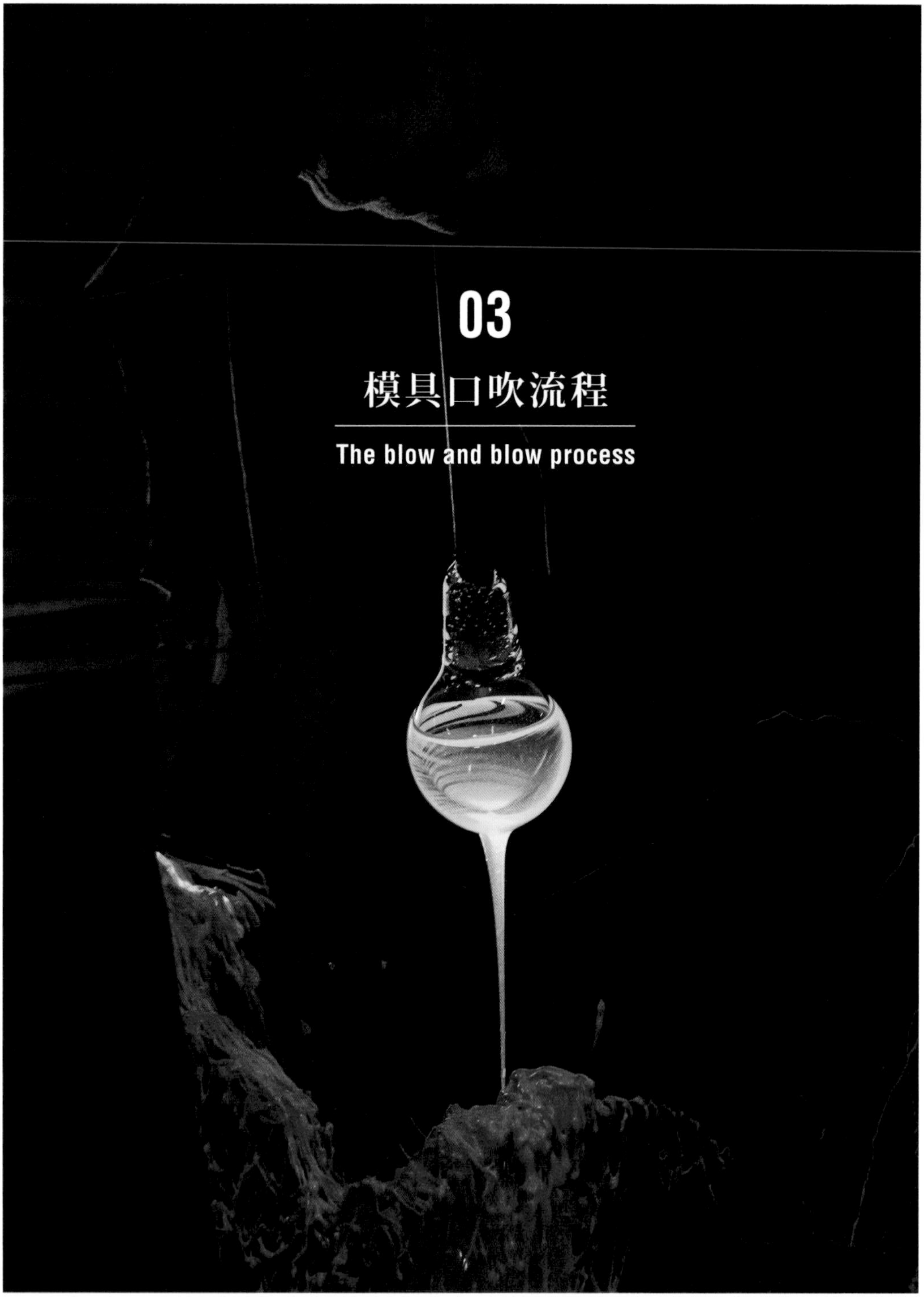

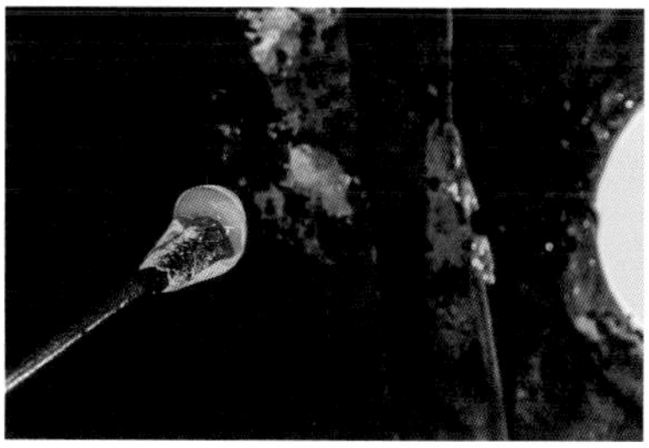

❶ 取料，以鋼管挖取坩堝內的玻璃膏，並均勻包覆鋼管口。

▼

❷ 吹小泡，吹出厚薄均勻的小泡。放置旋轉台，等到下一位師傅接手。

▼

❸ 二次取料，將小泡放入坩堝裡，讓外層均勻沾上玻璃膏。

▼

❹ 吹形，先將小泡吹成與模具差不多大小的大泡。

❺ 塑形，將大泡置入模具中，再將模具關上。

▼

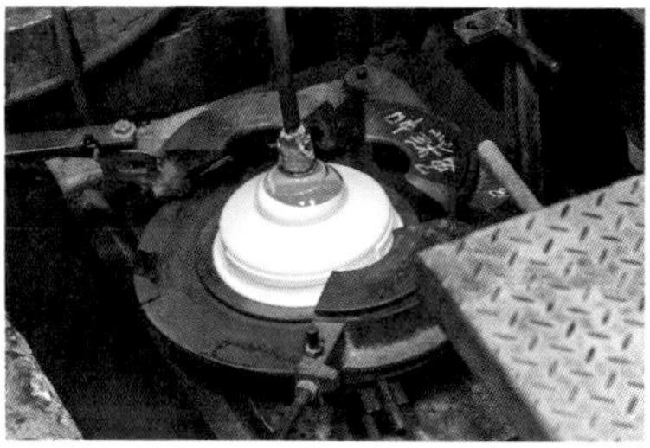

❻ 打開模具後，取出成形的玻璃。

▼

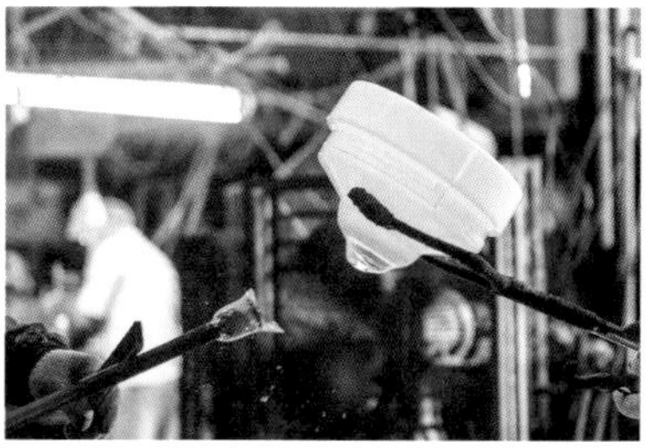

❼ 切管，以器具沾水輕敲鋼管與玻璃成品的銜接處，再輕敲一下則取下成品。

▼

❽ 送至徐火爐中，慢慢退火至常溫。（沒有徐火流程的玻璃很容易爆裂喔！）。

當設計遇上製技

除了「模具口吹」可以製作玻璃，
在臺灣現存的八卦窯玻璃廠裡，還有其他的製作技術；
他們之間有什麼差異呢？讓我們直接進入圖解模式吧！

機器壓模

機器吹模

模具口吹

模具口吹

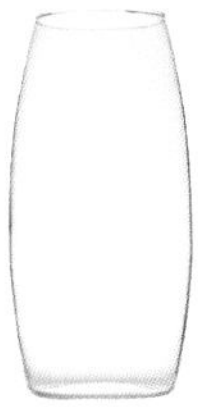

將玻璃膏放置模具中吹出形體

一眼分辨：切口會有一圈外凸的圓弧，上頭會有一到兩顆水滴狀的痕跡。（因為用火加熱熔融來做切口而留下痕跡）

設計的空間與限制：

1. 形體中間可比切口寬敞
2. 玻璃壁面可厚可薄
3. 外部可以有紋路（但內部也會相對應產生凹凸）

機器吹模

將玻璃膏放入模具中，再以機器打氣使其成形

一眼分辨：一定會有芽口以及模具拆開的壓痕！（就這麼好分辨）

設計的空間與限制：

1. 形體中間可比切口寬敞
2. 芽口可以是一般瓶罐的旋轉紋，也可以是像實驗瓶口的平行紋
3. 外部可以有紋路（但內部也會相對應產生凹凸）

機器壓模

將玻璃膏放入模具中，再以另一個模具心擠壓使其成形

一眼分辨：內緣可以製造出紋路。切口不會有外凸的圓弧。（因為模具心的擠壓會讓切口扁平）

設計的空間與限制：

1. 切口必須比形體寬敞，才能讓模具心取出
2. 外部與內部可以有不同的紋路
3. 側身會有模具拆開的壓痕

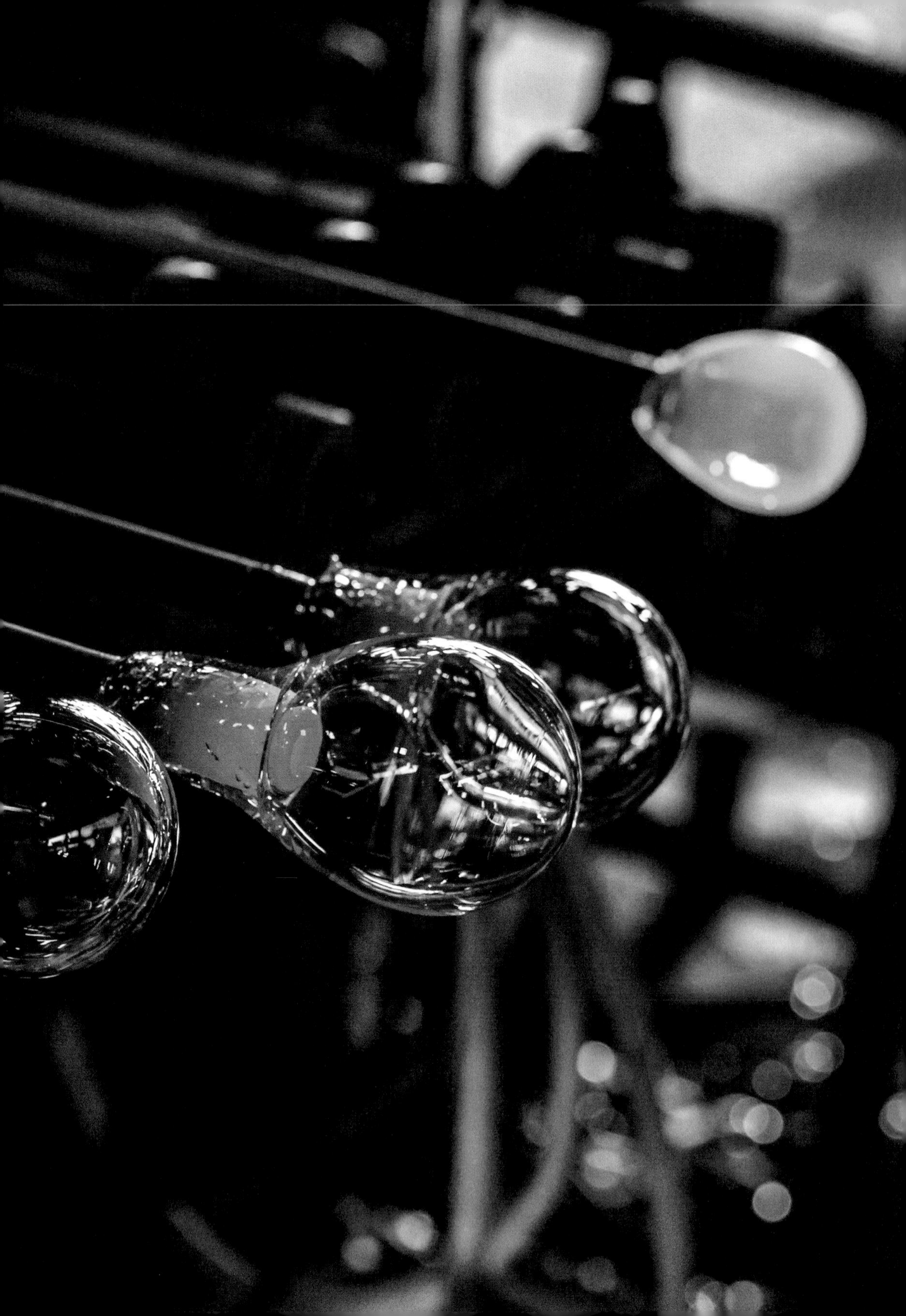

Today's glass furnaces

Innovation and preservation

第二部

活著的樣貌
創新、活用與保存

還記得在某次拜訪玻璃工廠邱老闆時，他突然語重心長的說「以前我看設計師的圖，就知道這個產品能賣多少個，可以賣給誰；現在喔，怎麼看都不準了啦！」過去不僅能像魔術師把平面的設計圖變成立體的產品，更能對市場的趨勢瞭若指掌。而今，科技發展與資訊傳達都快速的改變，已經讓這些保有技法的老師傅來不及跟上，只能望著「未來」的背影而不見其真面目。

幸好，在我們挖掘「窯口玻璃」的未來時，並不孤單，發現還是有臺灣的設計與臺灣的製造正攜手在轉型；接下來的篇幅，是行人與品牌或設計師的對話，讓讀者了解如何在臺灣製造出玻璃設計品；他們都有各自的理念、經驗與挑戰，值得想要投入的設計師、玻璃技師、產業經營者或各種熱血份子作為一個入門的參考。

最後的附錄補充了在執行這主題前我們所有的研究方式與內容：包括節選的文獻，以不同角度來認識玻璃在全世界歷史上的發展；透過參觀與體驗讓大家更真實的認識這個產業；最後工廠名冊是整理出，在我們能聯絡上且還在營運的傳統玻璃工廠。一個產業要如何被改變、如何呈現他活著的樣貌，是創新、是活用、或是保存，應是讓所有的人一同參與這過程，然後看見他的明日。

三點水 Drii Design

林桓民

設計師

創辦人林桓民談起漱流系列：「東方傳統水墨畫中的魚很多以俯視角度來呈現魚和環境的互動，像是魚跟蓮花、荷花，或是魚跟魚之間的關係，我認為這樣的關係十分寫意。因為東方玻璃出現的晚，早期東方人多將魚養在甕、木盆或池塘裡，而不是養在玻璃魚缸中。」就是希望能讓人們透過不同的視角來欣賞游動中的魚；除此，亦可作為花器、水瓶使用。以手工吹製的方式透過吸製技巧打造出內凹輪廓，讓光線透入時能產生誇大、豐富的變化，凸顯氣泡與水的流動關係。

新推出的漱流杯，讓通透的玻璃呈現出我們可以握住液體的錯覺。林桓民認為，臺灣傳統玻璃工廠或藝術家的工作室擅長

小批量的精緻生產，因此這些老師傅們多半也願意嘗試不同的造型與技法，更加具備實驗與打樣的精神，這也是三點水選擇留在臺灣製造的最大原因。

由於杯瓶特別的內凹輪廓，讓生產困難度提高，「局部雙內凹需要先人工吹型（讓外型膨大），再往內吸（製造出內凹），硼玻璃又比一般玻璃薄，如果控制內凹的比例與大小失準，就容易破裂，所以前期花了很多時間與師傅討論往內吸的力道。」林桓民更提到，目前願意用手工吹製硼玻璃的師傅已經越來越少了。（圖／三點水 提供）

漱流系列

尺寸：28.5 x 11.2 cm
18.5 x 11.2 cm
23 x 11.2 cm
材質：硼玻璃

漱流杯

尺寸：10.8 x 8.5 cm
材質：硼玻璃

林靖蓉 Lyun Lin

技法
脫蠟鑄造

林靖蓉
設計師

為脫蠟鑄造技法創作而成的Frozen系列作品，在透明玻璃中熔入白色玻璃碎粒，創作緣由來自林靖蓉因某次工作時嚴重地燙傷，手持冰塊冰敷時，意外發現冰塊內的冰霜如同玻璃的剔透質感：「冰塊融化後就沒了，我一直在思考要怎麼把那種冰塊中結晶狀態的質感留在作品裡，運用多種技法反覆實驗後，最終將吹製使用的玻璃原料結合於鑄造技法上，燒成的效果與我理想中冰晶融化時的狀態非常接近。」

結合不同玻璃技法在作品中，是Frozen系列的最大特色，除了碗盤、杯器，接下來還會延伸出酒器等生活用品。「玻璃這個媒材非常迷人，且充滿很多無限可能，除了天馬行空的實驗性創作，我也希望提供實用性高、價格平實的玻璃生活用品，讓大家真正去使用它。如果生活用品沒有被使用，那就沒辦法賦予它的功能在其生命裡了，不是嗎？」林靖蓉說，玻璃用品應該走入日常，貼近使用者的生活。

目前也在臺北松菸誠品生活，由坤水晶所設立的專業玻璃工房中，林靖蓉以駐工房藝術家的身分帶領坤水晶團隊，開授吹製玻璃體驗的課程，「臺灣的藝術大學中沒有所謂的玻璃科系，雖然有選修科目，可是對喜歡玻璃工藝且希望能以此媒材創作的人其實非常孤單。」接受日本專業玻璃工藝訓練的她認為，從技術磨練到視野培養，臺灣在推廣玻璃教育上還有很大的空間，因此，開設研習營及體驗課程，讓人們能接觸玻璃，讓大眾對玻璃的製作方式及技法有更多的認識，進而培養更多懂得欣賞手工玻璃創作的藝術知音。（圖／林靖蓉 提供）

Frozen系列

尺寸：Φ 8-30 cm
材質：鈉玻璃

紅琉璃 Redliuli

王獻德

創辦人

離心工法打造、加入琥珀色料鋪陳，紅琉璃的手感杯強調工藝技法結合，紅琉璃創辦人王獻德說：「早在二十年前，離心工法在產端應用上相當廣泛，不過卻少曝光於市場上。為了讓這項技藝重新被發現，我們希望用現代感的方式來詮釋傳統工藝的價值。」而杯口特別凸顯的曲線造型，則是「原本被認為在製作程序上產生的不完美，卻意外完整展現玻璃流動美感，造就每個杯子都擁有獨一無二的色彩變化」。

五年前選擇回臺開創品牌，與傳統工廠的老兄弟們合作，聯手推廣工藝，是王獻德一直以來最想做的事，

手感杯

尺寸：8 x 9 cm
材質：納鈣玻璃

技法
機器離心

「玻璃產業在臺灣一直沒有很好發展的機會，都是代工比較多，當我開始有這樣的機會，當然要先留在臺灣啊，紅琉璃期望作為一個產業平台，帶動地方產業活絡與傳承。」王獻德說。

「臺灣現存傳統工藝製作的玻璃廠很少，資源非常有限，」一件玻璃產品從打樣到成形，需要產端與設計師兩者的合作，王獻德舉出年輕設計師遇到的最大問題，其實來自玻璃產端資源的缺乏與背景知識的斷層：「當你的產品用壓製技法就能成型，可是卻找到一個吹製廠或拉製的工藝師傅來生產，與師傅溝通時一定會遇到很大的盲點。」此外，對產端來說「以前隨時可取得的調色色料，但現在仰賴進口，投資成本也跟著耗費較多。」基礎開發打樣時所需的原料取得不易與高成本投資都是挑戰。（圖／紅琉璃 提供）

厝內 TZULAï

技法

機器吹模

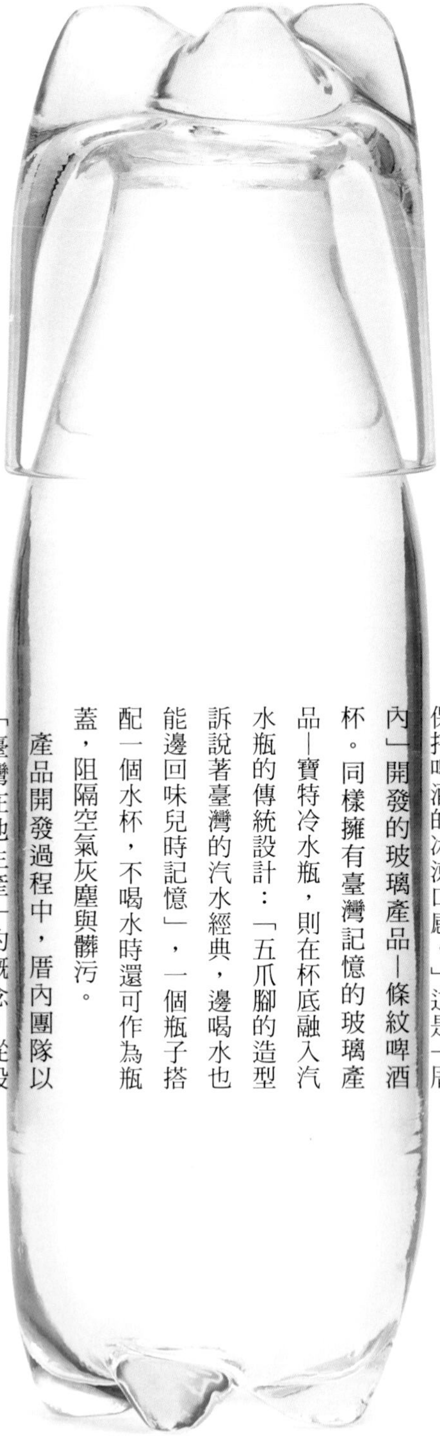

「將臺灣啤酒的經典條紋造型刻劃在玻璃杯外層，凹凸的線條設計，增加緊握杯子時的手感；厚實的杯壁有效阻隔了手心溫度，也能保持啤酒的冰涼口感。」這是「厝內」開發的玻璃產品—條紋啤酒杯。同樣擁有臺灣記憶的玻璃產品—寶特冷水瓶，則在杯底融入汽水瓶的傳統設計：「五爪腳的造型訴說著臺灣的汽水經典，邊喝水也能邊回味兒時記憶」，一個瓶子搭配一個水杯，不喝水時還可作為瓶蓋，阻隔空氣灰塵與髒污。

產品開發過程中，厝內團隊以「臺灣在地生產」的概念，從設計、開發到量產的各階段，結合在地資源，「臺灣玻璃產業在過去十分重要，且擁有優秀的生產技術，條紋啤酒杯與寶特冷水瓶就是憑藉

寶特冷水瓶

尺寸：杯Φ8.9 x 9 cm
瓶Φ7 x 25 cm
材質：一般玻璃

著現有工廠厚實的開發經驗，突破原有技法的限制。」厝內團隊說。

如何讓新穎的設計概念真正應用在臺灣玻璃工藝與師傅們的拿手絕活上？厝內表示開發過程中最有挑戰的地方在「需要耐心地溝通、協調、傾聽」，回想起開發初期時「為了寶特冷水瓶瓶口外翻的角度，僅僅一公釐的微調，是連續兩個月每週開車去竹南，在模具車間與窯爐間來回奔波測試，換得的成果。」從玻璃模具的開造方式、拔模角度再到實際產端，可是一點都不能馬虎。（圖／厝內提供）

許文鴻

產品經理

條紋啤酒杯

尺寸：Φ9 x13 cm
材質：一般玻璃

技法

空心吹製+水泥鑄造

樂玻璃 Le Glass

鄭銘梵

藝術總監

將玻璃與水泥結合，是樂玻璃的最大特色，其軟花瓶系列產品的設計概念以「玻璃的自然流動狀態，在虛實、剛柔與動靜之間，傳達生命游動的美感」；無垠行埒系列的名稱則出自漢朝《淮南子》：「無垠的意思是無邊界，行埒，卻是有形的邊界；在輕盈透明的玻璃花器之外，如同無邊無際遇上堅硬厚實的水泥邊框，讓異材質的兩者結合，並相互對話」，也形成了強烈的視覺衝擊。

樂玻璃創辦人鄭銘梵有感於臺灣新竹一帶早在日據時期就蘊藏了豐富的矽砂與天然瓦斯——為製作玻璃的兩大成份，逐漸開展出不同的技法工藝，使新竹形成玻璃聚落，而工資成本提高使現今產業外移，導致玻璃聚落急遽萎縮，他認為「身為玻璃藝術創作者，如何為臺灣玻璃文化演進過程的當下，留下些甚麼，因而有了玻璃聚落相互支援的想法，並且透過藝術生活化的精神，最終目的是希望讓臺灣玻璃產業再次蓬勃發展。」

「這兩組系列花器在製作過程中使用開放式水泥模具，必須仰賴經驗豐富且擁有高工藝的師傅才能將器形吹製得栩栩如生，因此，每件造型會有些許差異，但也因為無法標準化，才能讓每件作品展現出獨一無二的價值所在。」鄭銘梵說。相對於一般自動化製造的玻璃容器，樂玻璃的產品從開發到生產的過程中，最困難的地方雖然在於純手工技藝的呈現，卻也因此擁有不可取代的珍貴。（圖／樂玻璃 提供）

軟花瓶系列

尺寸：13 x 12 x 12 cm
材質：一般玻璃、水泥

無垠行埒系列

尺寸：16.5 x 7 x 10 cm
11 x 7 x 16 cm
14.5 x 8 x 10 cm
材質：一般玻璃、水泥

技法

空心吹製+
水泥鑄造

附錄一、寫在這本書以前——詮釋與文獻

在我們出發尋找臺灣窯口玻璃的故事之前，曾埋首書堆翻閱大量文獻，在此精選四篇段落文章，提供讀者以全然不同的角度來認識玻璃。

◎以下引文標題皆由編者依主題另行標示。
◎為求精彩扼要，以〔……〕省略部分段落。

摘文一——啤酒、酒吧與安全玻璃

《10種物質改變世界》（Stuff Matters），米奧多尼克（Mark Miodownik），賴盈滿譯。台北：天下文化，二〇一五。頁一七八—一八二。

雖然有錢人幾百年前就開始用玻璃杯喝紅酒，但啤酒直到十九世紀之前，都還是用不透明的容器，如瓷杯、錫杯和木杯等來飲用。由於大多數人都看不見自己喝的酒是什麼顏色，因此只在乎啤酒的味道，對啤酒的色澤也就不太在意。當時啤酒大多是深棕色且很混濁，但到了一八四〇年，現屬捷克的波希米亞地區發明了大量製造玻璃的方法，使玻璃造價降低許多，於是啤酒都能用玻璃杯盛裝。

酒客終於見到自己喝的啤酒是什麼模樣，結果卻常常大失所望：所謂的頂層發酵啤酒不僅味道各異，顏色和透明度也不一樣。但不出十年，捷克的皮爾森地區就開發出了色澤較淡的底層發酵啤酒，外觀金黃澄澈，而且和香檳一樣也有氣泡。這就是窖藏啤酒。窖藏啤酒不只好喝，而且好看，它的金黃色澤也一直延續到現在。諷刺的是，這麼適合用玻璃杯品嘗的啤酒，現代人幾乎都用鋁罐喝，而一般人常用玻璃杯喝的啤酒，反倒是最不透明的啤酒。它是玻璃杯出現之前就有的古董：健力士黑啤酒。

用玻璃杯喝啤酒還有一個意料之外的副作用。據英國政府統計，每年遭到酒杯或酒瓶擊的人數超過五千，消耗健保費用超過二十億英鎊。雖然不少酒館和夜店嘗試過許多種的塑膠杯，這些塑膠杯同樣透明堅固，卻始終不成氣候。

用塑膠杯喝啤酒跟用玻璃杯喝，感覺完全不同。塑膠不僅味道不同，而且熱傳導係數較低，使它在口中感覺比玻璃溫暖，降低了暢飲冰啤酒的快感。此外，塑膠還比玻璃柔軟許多，因此很快就會失去光澤、滿布刮痕、不再透明，不僅會遮住啤酒的亮眼色澤，還會影響我們對杯子乾不乾淨的觀感。玻璃的一大魅力就是它外表晶瑩剔透，就算有髒汙也看起來彷彿很乾淨，讓我們願意接受集體催眠，不去想這酒杯可能一小時前才碰過別人的嘴。

發明耐刮塑膠是材料科學的一大目標。有了它就能製造更輕的窗戶供飛機、火車和汽車使用，也能製造更輕的手機螢幕，但目前還完全見不到任何可能。不過，我們倒是發現了另一個解決方法，不是找東西取代玻璃，而是讓玻璃更安全。

這種玻璃稱為強化玻璃，是汽車工業的發明，目的在減少車禍時因玻璃碎片造成的死傷。不過，它的科學起源來自一六四〇年代一個有名的奇珍異寶，叫「魯珀特之淚」。魯珀特之淚是淚滴狀的玻璃，圓滑的底端能耐高壓，尖銳的頂端只要稍有損傷就會爆裂。它的製作非常簡單，只要把一小滴玻璃熔漿滴入水中就行了。玻璃熔漿入水後會急速降溫，使得表層收縮，所有原子往內壓擠，裂縫因此很難形成。因為只要出現裂隙，擠壓的力道就會把裂隙壓平。如此一來，玻璃表層就變得非常堅硬，用鐵鎚猛敲也不會碎裂，實在很不可思議。

粉身碎骨保安全

然而依照物理定律，為了維持表層的壓應力，玻璃內部必須有大小相等、方向相反的「張應力」，因此淚滴中央的原子便受到極高的張力，彼此向外拉開，感覺就像隨時就要引燃的小型火藥庫。只要表層應力稍不平衡，例如尖端稍微凹陷，整顆淚滴就會發生連鎖反應，讓內部的高張力原子全部瞬間彈回原位，使玻璃炸成碎片。這些碎片利得可以割傷人，但小到不會造成大礙。因此要讓擋風玻璃擁有同樣的性質其實很簡單，只要找到方法迅速冷卻玻璃表層，產生如同魯珀特之淚的壓應力即可。依據這個原理製作出來的強化玻璃已經拯救了無數生命，靠著的正是在它在車禍時碎成數百萬個小碎片的能力。〔……〕

二〇一一年夏天，英國許多市區發生暴動。我看著電視畫面，不由自主察覺到這些暴動和我過去看到的都不同。攻擊者用磚頭不再能次次都砸破玻璃，因為許多店家都改裝了強化安全玻璃。這股潮流應該會繼續蔓延，店家不僅用玻璃來保護物品，也保護自己。之前也有人提議使用膠合玻璃製作啤酒杯，希望遏止酒吧和夜店裡的客人拿酒杯當武器。

摘文二——玻璃未能在中國發揚光大

《玻璃如何改變世界》（The Glass Bathyscaple），艾倫·麥克法蘭（Alan Macfarlane）、格里·馬丁（Gerry Martin），黃世毅譯。台北：商周出版，二〇〇六。頁一四一—一四四。

在許多地方的歷史裡，中國是在技術上有高度發展的文明，因此我們不禁要懷疑中國人到底對我們所謂玻璃的這個非凡物質做成了什麼？以西方的本位觀點來看，玻璃在中國經歷了過去三千年的生涯仍是難以理解的事。這個文明曾孕育出一些歷史上最富創造力的工匠，有著無人能匹敵的陶藝術、冶鍊術、印刷術與紡織術，但卻在玻璃發展的領域上幾乎毫無貢獻。

大約在西元六世紀前，玻璃的製造可能相當地普遍，漢代（西元前二〇六年—西元二二〇年）在玻璃的鑄造藝術上可是相當地熟稔，被用來製成典禮的器具與珠寶首飾。第二個轉捩點則是吹製玻璃技術的引進，約在中東發展出吹製玻璃術的五百年後。最初的吹製玻璃物品是進口的，但從第五世紀始，本土的玻璃吹製就開始進行了。

之後的一千年間，有些本土製的玻璃器皿與令人滿意的進口玻璃並存，最先進口的玻璃是羅馬的，之後則是伊斯蘭與歐洲的玻璃。本地製的與進口的玻璃主要是小型的典禮器具，之後則有玩物與其他的用品，包括可移動物件背後的玻璃幕，看起來有些本土的玻璃製造仍持續有在生產。然而，就總體而言，在玻璃吹製術引進後的一千年，玻璃工業似乎沒有什麼真正的發展，除了為宗教目的服務的聖骨盒與一些模仿珍貴寶石的玻璃外，所重新找到的玻璃製品並不多。玻璃藝術是非常地區性與分散的，而沒有長期的進化。

解釋這種情形的方法之一就是去檢視一下玻璃的功用與人們對待它的態度。基本上，玻璃普遍被視為是次於珍貴稀有物質的替代品，而不是以它本身就是個美好的物質去看待。玻璃主要的吸引力在於它是一種可以以廉價的方式去模仿諸如綠松石礦之類更珍貴的物質。中國的玻璃與玻璃工匠的地位與印度是類似的。為了便於去比較，迫使我們用「玻璃」這個詞彙，但中國的「玻璃」這物質並無法承載我們所認為的玻璃的所有意義，它是一個相當次等的材料，人們對它的興趣還不如黏土、竹子、紙張和許多其他的材料。

玻璃的第二個潛在用途是可以作為許多種類的容器與器皿。有人至此可能會問道有什麼事是玻璃辦得到而精良的瓷器所不能的？直到十七世紀末，偉大的耶穌會史學家杜赫德（Du Halde）才將瓷器與玻璃做了比較，因此針對玻璃在中國缺席的主要理由之一，提供了我們一個重要而深刻的理解。

「對於從歐洲進口的玻璃與水晶，在中國幾乎是被認定為稀奇古怪的東西，一如歐洲人看待中國的陶瓷器皿一般；但這還是無法引起中國人跨海去尋求玻璃，因為他們覺得自己的瓷器比玻璃更好用；瓷器可以承受熱酒，而且你可以拿起一碟（瓷器托碟）滾燙的茶而不會燙傷自己，但你卻無法以同樣厚度與形狀的銀製碟子來達到這樣的效果；此外，瓷器和玻璃一樣有它自己的光澤，而且如果說它是較不透明的，同樣也較不易碎。」

他繼續指出，瓷器像玻璃一樣，可以用鑽石來切割出樣式，至此杜赫德已經明白地指出了一個事實，那就是當人們已經擁有了瓷器，就似乎不會再需要玻璃來盛裝熱飲了。平凡陶器的角色也是很重要的，中國和日本一樣，也是偉大的陶器製造國之一，其陶器也有許多的優點。陶的價錢比玻璃便宜很多，而且對熱的液體承受力很好，一個有飲茶文化習慣的國家不太可能發展出如羅馬玻璃般同類型的精美酒杯。

而至於窗戶而言，很明顯的，因為有很好的油紙與較為溫暖的氣候，當然指的是在中國的南方，因此在中國便大大地減少了製作玻璃窗的壓力。這只是在更為廣大的差異模式中開始趨於明顯的一部分而已。舉例來說，中國南方的建築物主要都是木製與格子式樣的窗門較像是輕型的帳棚而非建築物，因此要想在這些不夠堅實、無法承重的牆面上安裝玻璃窗無疑是很困難的。中國農民的房舍並不適合玻璃窗，即使他們負擔得起，並從空缺處、紙或殼式窗來採光。再者，以石頭建成而可以維持好幾世紀雄偉的宗教或世俗建築物，在中國卻很難存在，這就等同於大教堂或貴族豪宅在西方缺席了一樣。

摘文三——活字與玻璃一同產生的革命

How We Got to Now: Six Innovations That Made the Modern World., Steven Johnson. New York: Riverhead Books, 2015. pp. 22-26.

接下來發生的是歷史上最精采的蜂鳥效應：古騰堡讓印刷書便宜而易於攜帶，因此帶動識字率上升，接著便讓可觀人口的人發現自己視覺精確度上的缺陷，因此創造出眼鏡的新市場。在古騰堡的發明出現一百年內，歐洲各地上千位眼鏡製造者活躍起來，眼鏡成為新石器時代衣服發明之後的第一「片」進步科技，是一般人經常會穿戴的器具。但這場同步革命並沒有止步於此。如同花蜜鼓勵了蜂鳥採取新的飛行方式，眼鏡市場的急速膨脹，產生出許多經濟誘因刺激了專業知識人才的產生。歐洲不止是被被鏡片發明的浪潮，甚至也被關於鏡片的點子所衝擊。歸功於印刷媒體，歐洲大陸瞬間多了許多能夠藉由控制凸透鏡以操縱光線的專家。這些人就是第一次光學革命的黑客。他們所做的實驗將會開啟視覺歷史全新的篇章。

一五九〇年，在荷蘭米德爾堡（Middleburg）的一個小鎮，一對製作眼鏡的父子檔漢斯（Hans）及撒迦利亞・楊森（Zacharias Janssen）試著將兩片鏡片成一直線排列，而非並排在一起，使得他們可以放大他們所要觀察的物品，因此發明了顯微鏡。七十年不到，英國的科學家羅伯特・虎克（Robert Hookl）出版了他開創性的鉅作《顯微圖譜》（Micrographia），在本書裡，他將透過顯微鏡看到的景象，以手繪製成精美的圖片。虎克分析了跳蚤、木頭、葉子，甚至是他自己冰凍過的尿液。但他最具影響力的發現是將軟木塞切開，然後放到顯微鏡下觀察。「我可以清楚地觀測到它被許多的孔隙所穿過，就像是蜂巢那般。」虎客如此寫著：「但這些孔隙並非規律排列的，但個別來說也不是不像蜂巢……這些孔隙，或說細胞，並不是非常的深，但裡頭是由許多小方格組成的。」在這個句子，虎克替生命中最基礎的構成元素命了名——細胞，這個名稱引領了接下來在科學與藥學的革命。不久之後，顯微鏡揭露了人眼看不見的細菌與病毒的面紗——這些同時維持也危害人體的生物——直接影響了現代疫苗與抗生素的發明。

顯微鏡過了將近三個世代才在科學上產生實際的影響，然而出於某些原因，望遠鏡更快地造成革命。顯微鏡發明之後的二十年，一群荷蘭的鏡片製造者，包含撒迦利亞・楊森，也在這個時間點左右發明了望遠鏡。（據說，望遠鏡是其中一位的鏡片製造者漢斯・李普希Hans Lippershey看著自己的小孩玩弄鏡片時所發明出來的。）李普希是第一位申請專利權的人，他如此描述他的發明：「這是一個裝置可以讓遠在天邊的事物，看起來就近在眼前。」不出一年，伽利略得知了這個奇蹟似的裝置，並改李普希的設計，使其得到十倍的放大率。一六一〇年一月，也就是李普希申請專利的兩年後，伽利略觀測到有兩顆衛星繞著木星公轉，這是首度有人實質地挑戰了亞里斯多德所建立典範——在這個典範中，亞里斯多德假設所有的重物都以地球為中心作圓周運動。

這是一段與古騰堡發明平行的奇異歷史。由於某些原因，它都連結上了科學革命。像是伽利略這類被指控為異教徒的人士所發表的小冊子與論文能在教會的限制外流通，最終削弱教會的權威。同時，引用與參考文獻的系統在古騰堡聖經之後的幾十年內演化成為一個應用科學方法的重要工具。但古騰堡的發明不只是駕馭住那些我們肉眼看得到的事物，我們還因此能夠看到那些超越人類肉體極限的世界。接下來，鏡片將會在十九與二十世紀的媒體中佔樞紐的角色。攝影師首先利用鏡片將光線聚焦在特製的紙上以捕捉影像，接著，電影製作者首次讓移動影像能夠被記錄與投射。從一九四〇年代開始，人類開始在玻璃上鍍磷光劑，並對其發射電子，於是製造出電視的迷幻影像。不出幾年，社會學家與媒傳理論家宣稱我們正式進入「影像社會」，所謂的古騰堡星系於是讓位給了電視螢幕的藍光輝以及好萊塢絢麗的鏡頭。在這些變化中湧現大量的發明與新材質，但無論如何，這一切都是奠基在玻璃在傳播與操縱光線的獨特能力。（翻議／黃喆亮、周易正）

摘文四——中國玻璃來自於西方嗎？

〈中國古代玻璃的起源和發展〉，干福熹，《自然雜誌》二十八卷四期（二〇〇六年一月），頁一八七—一九三。

近代有關我國古代玻璃的介紹和起源的討論是起始於二十世紀三〇年代，但大多數是史料分析和介紹。半個多世紀來我國文物和考古界對中國不同地域和不同時期的古代玻璃遺物的形制、紋飾、質地進行分析和討論，認為漢通西域後，中國古代玻璃製品和技術是從西方經絲綢之路傳入的。的確在中國古代史籍如《魏書》、《西域傳》、《太平御覽》、《北史大月氏傳》、《舊唐書》中皆有從外國傳來的玻璃器皿和技術的記載在國內也出土了不少具有西方古羅馬、古波斯和古代伊斯蘭文化特徵的玻璃器皿。所以長期以來，中、外學者普遍認為中國古代玻璃技術起始於張騫通西域以後從外傳入，「外來說」流行。也有不少人對此有異議。西漢劉安著《淮南子 覽冥訓》和東漢王充在《論衡 率性篇》中皆提到「煉五色石，鑄以成器」。二十世紀六〇年代初沈從文根據對中國古玻璃文物的考察，在〈玻璃工藝的歷史〉探討文中提出「中國工人製造玻璃的技術，由顆粒裝飾品發展而成小件雕刻品，至晚在年前的戰國末期已完成。」二十世紀七〇年代，干福熹等根據查閱的資料和初步技術檢驗，對古代玻璃的起源提出了「自創說」的看法，引起了學術界的討論。楊伯達從出土文物資料的分析，支持中國古玻璃「自創說」的觀點。以後，這一問題的學術討論也引起了國外的注意和報導。

鴉片戰爭以後，我國文物不斷流失，從二十世紀三〇年代西方開始對我國古玻璃進行了科技考古，對我國古代玻璃樣品進行了化學分析和研究。最著名的為塞利格曼（Seligman）等人的工作，發現了在前漢至唐代中原出土的古玻璃（收藏品）的化學成分，主要為含PbO和BaO的鉛鋇矽酸鹽玻璃。這與西方的古玻璃（西亞、古埃及和古羅馬的玻璃）主要為含Na_2O和CaO的鈉鈣矽酸鹽玻璃截然不同，但是他們根據古玻璃珠的圖形、色彩和藝術設計等仍堅持遠東玻璃起源於

西方。十九世紀後期至二十世紀初，西方探險家如赫定（Hedin）、斯坦因（Stein）等從中國新疆地區（古西域）掘走的不少文物中也有古玻璃樣品，大部分屬漢代以後的。從二十世紀五〇年代後也陸續進行了玻璃的化學成分的分析，極大部分為鈉鈣矽酸鹽玻璃。因此國外關於中國古玻璃的起源的觀點以外來說為主。

〔……〕

從以上的介紹可知，我國內地在近三千年的自己製造玻璃的歷史中，有使用氧化鉀和氧化鉛作為主要熔劑的傳統性，也顯示出從化學成分上，中國古代玻璃的特色，使我們比較容易識別中國內地自製的玻璃和從外傳來的玻璃製品。從中國古代玻璃成分的演變中也可以看到中國古人對玻璃的性能和製造技術的不斷改進。但也應該提出，由於中國古代玻璃的化學成分的特殊性，以及應用原料上的傳統性，使中國古代玻璃製品直到明、清時代，仍然以裝飾品和禮品為主，特別是中國內地日用器皿慣用中國最早發明的瓷器，從而使中國的古代玻璃製造技術發展不快，這實為遺憾之處。

附錄二、這裏只是起點——參觀與體驗

窯口玻璃需要投注大量資本，除此也還有噴燈加熱法的琉璃珠等各式玻璃工藝技法。提供可以參觀與體驗的場域，讓有興趣的讀者可以先前往體驗。建議皆先電話詢問後再出發。

參觀

新竹市立玻璃工藝博物館
03-5319756
新竹市東區東大路一段2號
週二至週日9:00-17:00，
週一及民俗節日休館

玲瓏窯玻璃工藝
03-5181258
新竹市香山區中華路六段78之18號
8:00-17:00（需預約）

春池綠能玻璃觀光工廠
03-5389187
新竹市香山區牛埔南路372號
（需預約）

臺灣玻璃館
04-7811299分機266
彰化縣鹿港鎮鹿工南四路30號
8:00-18:30

體驗

坤水晶玻璃工房
02-6636588分機1643
台北市信義區菸廠路88號2樓
13:00-21:30（需預約）

泰玻璃工坊
0939-057600
新竹市香山區中華路六段78之8號
10:00-17:00（需預約）

國泰玻璃觀光工廠
037-614118
苗栗縣竹南鎮新南里崁頂151號
9:00-12:00，13:30-16:00
（週一休館，需預約）

附錄三、在臺灣，製作玻璃——工廠名冊

採訪之前我們詢問過多間的玻璃製造工廠，各有不同的生產項目，雖多已改用電窯來熔融，但仍具有中小型量產的可能，所以提供有製造需求的人們自行聯絡。

玻璃製作——

上甲玻璃 燈飾、藝品
03-5825169
新竹縣竹東鎮中興路一段214巷1號

日銓企業社 生活用品、燈飾、容器
03-5382610
新竹市香山區中華路五段208巷140-1號

台明將鹿港廠 容器
04-7811299
彰化縣鹿港鎮鹿工南四路30號

台星玻璃 汽車燈罩
03-5387121
新竹市香山區樹下街18號

正新玻璃 容器、藝品
03-5383200
新竹市香山區牛埔南路161之1號

利銓玻璃 燈飾、容器
037-584350
苗栗縣竹南鎮崎頂里和誠街30號

亨衢玻璃廠 生活用品、燈飾、容器
037-322706
苗栗縣苗栗市文山里文山228號之8

東益玻璃 容器
037-482369
苗栗縣竹南鎮崎頂里3鄰48號

春池玻璃 容器、藝品
03-5308219
新竹市香山區牛埔南路372號

順豐玻璃 容器
037-623235
苗栗縣頭份市信義路773號

模具——

恆昌工業社
03-5774161
新竹市光復路一段576巷3弄6號

運興鐵工社
03-5330888
新竹市北區中正路456號

參考資料

書籍

《閃亮的日子─新竹地區玻璃工藝發展史》，洪惠冠主編，新竹市立文化中心，一九九三

《臺灣玻璃文物欣賞》，黃志農，漢光文化，一九九九

《竹塹玻璃藝師口述歷史影像記錄》，新竹市立玻璃工藝博物館，二〇〇一

《玻璃工藝》，蕭銘芚，新竹市文化局，二〇〇六

《玻璃如何改變世界》（The Glass Bathyscape: How Glass Change The World），艾倫．麥克法蘭 Alan Macfarlane，商周出版，二〇〇六

《琉光溢彩：臺灣玻璃工藝文化》，陳奕愷、林怡綾，國立臺灣工藝研究發展中心，二〇一二

雜誌

黃台生、蔡逸人、余炳賢、吳宜蓓，〈新竹玻璃工藝發展的現況與未來〉，《竹塹文獻》第十二期，頁三三至頁五九，一九九九

論文

臺灣玻璃產業競爭策略之分析，蕭淳澤，二〇〇四

粼粼玻光─當前臺灣玻璃工藝創作之困境初探，郭原森，二〇〇五

城市藝術節慶發展之探討─以新竹市玻璃藝術節為例，洪惠冠，二〇〇七

臺灣玻璃產業價值鏈與競爭力之評估分析，蕭淳澤，二〇〇八

產業群聚與組織績效之探討－以兩岸玻璃產業為例，林錦源，二〇〇九

臺灣文化創意產業國際化之研究-以玻璃工藝為例，王俞翎，二〇〇九

臺灣的玻璃產業分析，林彥旭，二〇一一

臺灣玻璃工藝高等教育之研究－以大專院校為例，陳怡安，二〇一二

感謝名單

吳春池
吳曉慧
張淑珠
陳國明
陳錦丹
曾欽奕
劉瑞典
蔡松平
鄭振仕
黎老闆
羅秀珠
蘇美雪